動物力

犬のフリ見て我がフリ治せ！

永田動物病院／獣医師
永田高司

人文書院

まえがき

獣医師は私の天職

私は回り道をして獣医師になりました。

子どもの頃、私は機械いじりが大好きでした。身の回りにある機械類は、ミシンでも、時計でも、テレビでも、洗濯機でも、何でも分解して中の構造を見なければ気が済みませんでした。

また、物を作るのも好きでした。それもプラモデルではなく、何でも材料から手作りしていました。大阪市立北天満小学校六年生の時には、お菓子の入っていた空き缶、かまぼこの板、小型モーター、歯車などを使って、実際に物を掴むことのできるUFOキャッチャーのようなクレーン車を作ったことがありますし、大阪市立扇町中学校三年生の時には、自分の部屋のドアを自動ドアに改造して親を呆れさせていました。

大阪府立茨木高校時代は好きなのは物理学だけでした。そして、物理学的人生論に心酔し、世の中には科学で解明できないものは何もないと信じていました。

一方、動物も大好きでした。子どもの頃からいろいろな小動物を飼育してきました。アリ、ダンゴ虫、コオロギに始まり、文鳥、カナリヤ、ジュウシマツ、セキセイインコ、アヒル、ウズラ、金魚、熱帯魚、カメ、リス、ハツカネズミ、それから、もちろん犬と猫も飼いました。

当時、アンケートがあれば、趣味の欄には「小動物の飼育」と書き、将来の夢は何ですか、と聞かれたら、「発明家になること」と答えていました。

大学は工学部機械学科にするか獣医学科にするか迷ったのですが、結局宮崎大学獣医学科を選択しました。そして大学卒業と同時に獣医師の国家試験にも合格しました。しかし、獣医師としては就職しませんでした。「これから進むおまえの道はこれだ」と目の前にレールを敷かれると、「いや、もっと他に自分を生かす道があるのではないか」という迷いが再び頭の中に渦巻いたのです。そして、玩具業界に入り、獣医師としてではなく通常のビジネスマンとして仕事をしました。

しかし、四年後、獣医師に戻る決意を固めて会社を辞し、大阪府立大学付属動物病院、ミズーリ大学付属動物病院で獣医師としての経験を積んだ後、永田動物病院を開業したのです。

初代の病院は古い貸し店舗に中古のレントゲン装置や中古の診察台などを置いた粗末なもので

した。病院内のペンキ塗りや内装工事はすべて自分でしました。置き看板も、捨てられていた廃品を利用して私が製作しました。しかし、エアコンを装備する余裕がなく、夏は入り口のドアと裏の窓を開け放って風通しをよくし、冬は石油ストーブで暖をとっていました。

おしゃれで目立つような病院ではありませんでした。立地条件もよくありませんでした。当然ながら、来院する患者さんは極めて少なく、生活のために夜は中学生に英語と数学と理科を教える塾を開いていました。塾は開業の二年前、会社を辞めると同時に始めていたのです。そして、病院が軌道に乗るまで昼は獣医師、夜は塾教師という生活を二年間続けました。

専業の開業獣医師になるまでの道のりは平坦ではありませんでした。寄り道もしました。しかし、今思い返してみると、「人生に無駄なものなどひとつもない」とつくづく思います。過去の経験はすべて今の自分に、何らかのかたちで役に立っているものです。

今では当時の塾生はそれぞれ家庭を持ち、その何人かは動物を飼っています。そして、永田動物病院の患者さんになってくれています。

獣医師は私の天職です。

動物病院には医療の原点がある

近年、ヒトの医療界では細分化が進んでいます。病院の診療科目も、外科、内科、眼科、小児科、皮膚科、放射線科、精神科、などという分類から更に細かく分かれています。

例えば、外科はその中で胸部外科と腹部外科などに分かれ、胸部外科は更に心臓外科と肺外科などに分かれ、心臓外科は更に心臓の弁を処置する科と、心臓自身の筋肉に血液を送っている冠状動脈を処置する科などに分かれています。そして、それぞれの分野の専門医師が、高度に専門化した医療行為を行うことになっています。

一方、我々獣医師は、ある時は外科医として骨折の手術をしたり、ある時は内科医として胸に聴診器を当てて心臓の雑音を聴いたり、ある時は産婦人科医としてお産の介助をしたり、ある時は歯科医となって歯周病の治療をしたり、ある時は耳鼻科医となって外耳炎の治療をしたり、またある時は心療内科医として動物の心の奥を探ったり、などなど非常に多様性に富んだ仕事をしています。

動物病院では、動物のからだをパーツに分けないのです。からだと心を切り離すこともありません。私たち獣医師は、動物のからだと心を総合的に捉え、大局的な見地に立って診療しているのです。

その上、診療の対象となっている動物も多様です。犬と猫が中心ですが、ハムスターやリスなどの小動物も診療しますし、セキセイインコや文鳥などの鳥類も診療します。また、カメやイグアナなどの爬虫類、そして鯉やハマチなどの魚類も我々の守備範囲です。時には、ヒトの保護下にはない、イノシシとか鹿などの野生動物が運ばれてくることもあります。野生動物といえば、近所の子どもがセミを連れてきたこともあります。

このように、地球上のいろいろな動物たちと接し、多様性に富んだ仕事をしていると、生命の世界には、動物の種類を越えた統一的な真理が、根底に流れていることに気づかされます。

また、私たち開業獣医師には、動物の病気に対して教科書的な治療をした場合と、教科書的な治療をしなかった場合の、両者の経過を比較観察する、という機会も与えられます。飼い主さんの希望により、同じ病気でも、ヒトと全く同じように徹底的な医学的治療をすることもあれば、表面上の軽い治療だけをして様子を見ていくこともあるのです。

そうです。私たち開業獣医師は、多くの意味で非常に恵まれた環境にいるのです。だからこそ、他のヒトには見えないものが私たちには見えることがあるのです。医療に関しても、「動物病院には、現代医学界が忘れかけている原点がある」といっても過言ではない、と私は思います。

動物病院にはヒトという動物も来る

開業以来今日までに、私は何万頭という数の動物たちを診療してきました。また、動物たちを病院に連れて来られた、何万人というヒトとも接してきました。動物がひとりで動物病院に来ることはないからです。

そして、動物病院での仕事の中で、ヒトも含めた動物たちから、実に多くのことを教えてもらいました。その中には我々開業獣医師にしか知ることのできない貴重な情報も多々あると思います。動物たちが教えてくれた情報の内容はさまざまですが、テーマをつけると、例えば次のようなものです。

①生と死について
②健康と病気について
③肉体と心について
④自然な暮らしと不自然な暮らしについて
⑤医学という学問と医療という実践について
⑥世の中で大事なものと、そうではないものについて

動物は、ヒトの近未来を教えてくれる

犬や猫は生まれてから一年足らずで成熟し、子どもが産めるからだになります。そして、七〜八歳になると早くも白髪が目立つようになります。すでに中年です。この歳で加齢性白内障が始まる犬もいますし、慢性の腎不全を発症する猫もいます。最近の犬や猫の平均寿命はどちらも約一三年くらいだと思います。

犬や猫は、ヒトが平均八〇年という時間をかけて行う生の営みを、一三年ほどで終結させるのです。彼らはヒトより寿命が短い分、生の営みが濃縮されています。つまり、動物たちの一生はヒトの一生の縮図みたいなものなのです。ですから、動物たちを知ることは私たちヒトの近未来を知ることにつながるのです。

例えば、次のような近未来に関する問いについて、動物たちは身をもって教えてくれます。

①自然に逆らって生きればどうなるのか?
②病気になった時に医療を受けたらどうなるのか?
③病気になった時に医療を受けなかったらどうなるのか?
④年老いたらどうなるのか?

既成概念を捨てないと真理は見えない

長い間、純真無垢な裸の動物たちと付き合っているうちに、私はいかに自分が純真無垢とは正反対の、既成概念という汚れた鎧を着せられているか、という事実に気がつきました。

実は、私たちが常識だと思っていること、教科書に書かれていること、学校で習ったこと、あるいはマスコミでえらいヒトが語っていること、それらはすべて必ずしも正しくはないのです。根拠のない情報が、いかにも真実のように述べられていることがあるのです。

既成概念の呪縛を振りほどくのは、知らず知らずのうちに染み付いた癖を直すのと同様、簡単ではありません。なにしろ、物事が正しいかどうかを判断する基盤自体が間違っているかもしれないわけです。しかし、先入観を捨て去り、心を無にして、動物たちが発してくれている情報を受け入れることにより、それは可能になると思います。汚れを知らない動物たちは、身をもって我々に真理を教えてくれています。

目次

動物力——犬のフリ見て我がフリ治せ！

装幀　西村建三

ヒトはほんとうに特別な動物か？

病気に対する治療は動物もヒトも同じ

我々ヒトは他の動物たちとは全く異なる存在であり、動物の中でも特別に優れた動物である、つまり「人間こそは万物の霊長である」と考えているヒトが多いと思います。しかし、動物病院で長く動物たちを診療していると、それが単なるヒトの思い上がりであることがわかります。動物たちは何から何まで、ほとんどヒトと同じなのです。

例えば、動物が病気になった場合の治療法をみてみましょう。

基本的には、病気に対する治療法はヒトも動物も同じです。使う薬もほとんど同じです。抗生物質も利尿剤もステロイドもヒトと同じものを使います。そして、動物は与えられた薬や施された治療に対して、ヒトと同じように反応します。

動物に手術をする時にはもちろん麻酔をします。その時に使う麻酔薬もヒトと同じものです。動物の全身麻酔にはヒトと同じように、麻酔ガスを吸入させる方法がよく用いられます。その時に使われる麻酔ガスは、犬も猫も、セキセイインコもハムスターも、イノシシもカメも、ライオンもイグアナも、そしてヒトも同じです。麻酔ガスをかがせると、地球上のすべての動物が同じように眠るのです。

病気の原因は動物もヒトも同じ

動物もヒトと同じように不自然な生活をしたり、強いストレスに長い間さらされたりすると病気になります（98頁「動物（ヒト）はなぜ病気になるのか?」の項参照）。

例えば、ヒトの世界では昨今、中間管理職の方々に慢性の大腸炎が多いと聞きます。原因の主たるものはストレスです。中間管理職の方々は下から突き上げられ、上からは締め付けられ、その上リストラの影におびえ、毎日毎日緊張を余儀なくされているのでしょう。ストレス性の大腸炎です。

ストレス性大腸炎の症状は慢性の下痢です。中には、もう何年もまともな形のある便をしたことがないと訴えるヒトもいるといいます。それでも、小腸で栄養分が吸収された後の下痢ですから、長く続いても体重が減ることはほとんどないようです。

動物にもヒトと同じようにストレス性の大腸炎が少なくありません。ヒトに飼われている動物たちにもさまざまなストレスがあります。例えば、飼い主さんにきつくしかられたとか、長く続く欲求不満とか、他人に預けられて寂しいとか、相性の悪い仲間と同居しているとか、などストレスの原因もヒトと同じです。動物もいろいろな精神的葛藤によって、大腸炎になるのです。症状もヒトと同じです。

老人性痴呆（認知症）になるのは動物もヒトも同じ

年老いると痴呆が進むことがあるのもヒトと同じです。昼と夜が反対になって、夜中に理由もなく吼えたり、あちこち徘徊したり、一晩中同じところをくるくる旋回したり、食事が終わったばかりなのにまた食べ物を要求したり、などなどさまざまな異常行動で、飼い主さんを悩ませているお年寄りの動物がいます。心臓機能や肝臓機能が年齢と共に低下するのと同様に、脳の働きも年齢と共に衰えていくのでしょう。これもひとつの正常な自然の営みです。

このように動物たちはヒトと同じように病気になり、ヒトと同じようにストレスを感じ、ヒトと同じように年老いていくのです。

生命のビッグバン

宇宙は一五〇億年前にビッグバンという大爆発と共に始まりました。太陽も地球も火星も元々はひとつの小さなエネルギーの塊から発生したのです。

生物も同じだと思います。現在地球上に生息するすべての生物は、元々はたったひとつの小さな生命体だったのだと思います。それがある時、まるで受精卵が分裂するように、「生命のビッグバン」とでもいうべき増殖を始めたのです。そして、何十億年という時間の経過と共にその生命体が進化して、ウィルス、単細胞生物、植物、そして動物へと分化していったのではないでしょうか。

それが証拠に、生命の設計図である遺伝子に使われている記号は、大腸菌のような単細胞生物も、アサガオのような植物も、セミのような昆虫も、メダカのような魚類も、カエルのような両生類も、カメのような爬虫類も、ハトのような鳥類も、哺乳類である犬も、猫も、そしてヒトも、すべて同じです。すべての生命体は同じ遺伝子記号を元にして創られているのです。

また、犬や猫やヒトなどの哺乳類は、母親の子宮の中で受精卵から発生する途中、魚類のように鰓《エラ》を持つ時期、両生類のように指に水かきのある時期、爬虫類のような形態の時期などを経て、成長していきます。何十億年という動物の進化を子宮の中で再現しているのです。動物の遺伝子には生命のビッグバンから現在の姿に進化するまでの、すべての情報が記憶されているのだと思います。

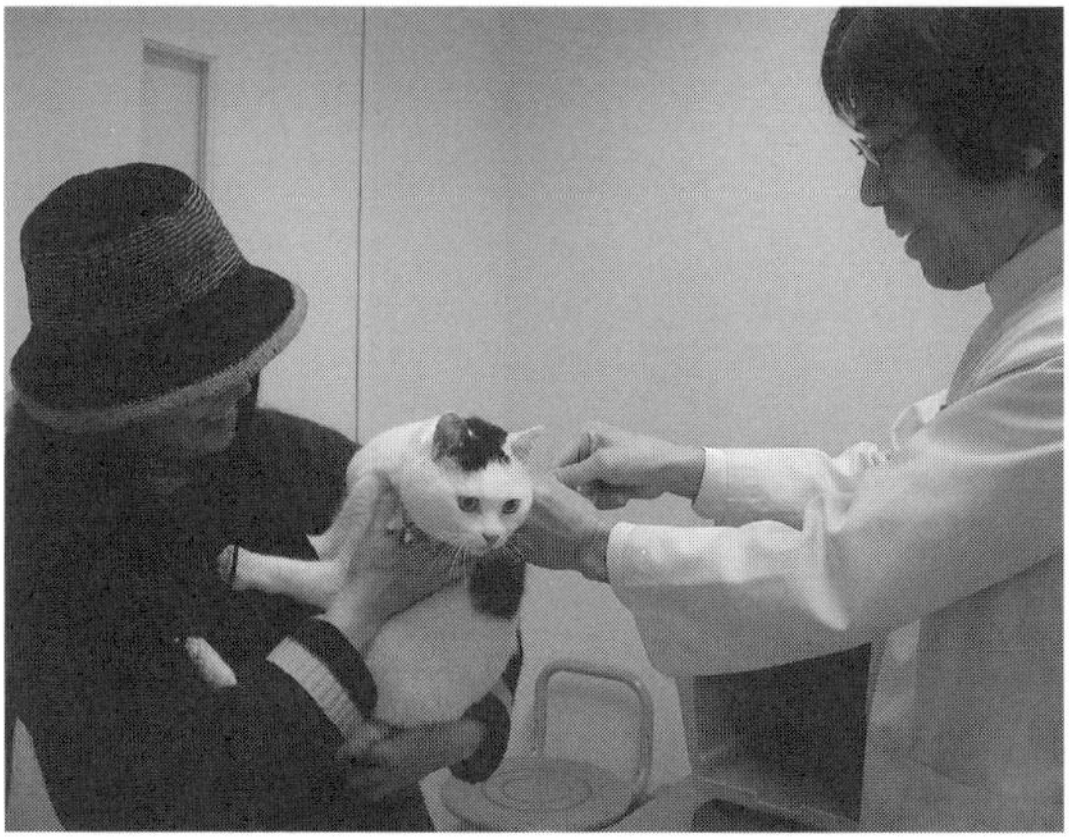

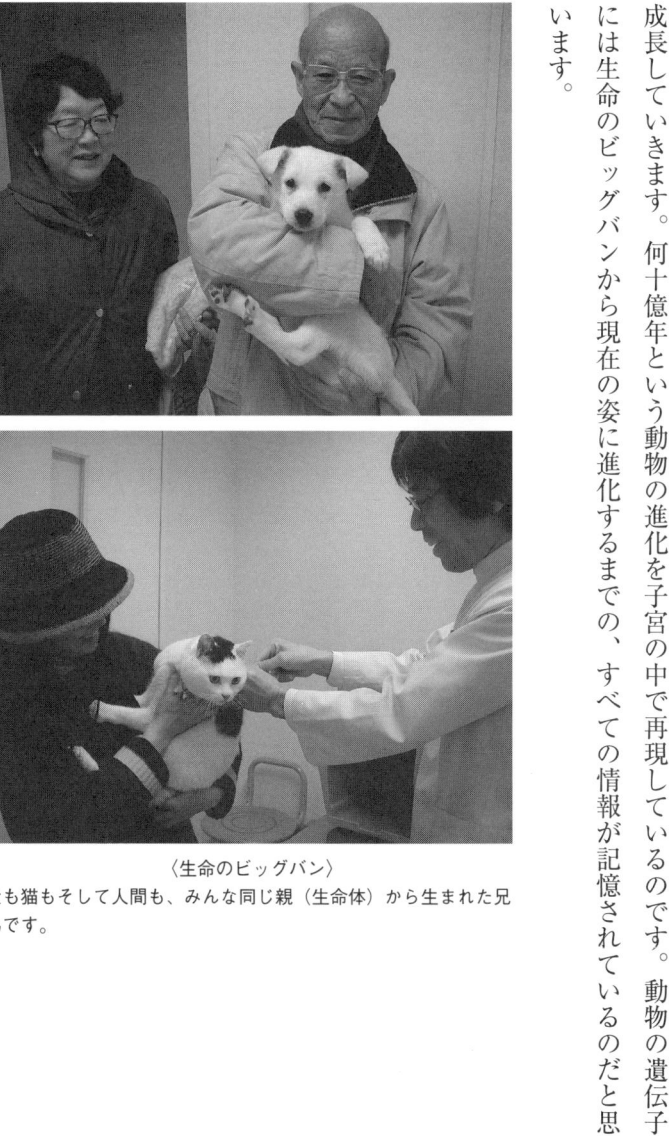

〈生命のビッグバン〉
犬も猫もそして人間も、みんな同じ親（生命体）から生まれた兄弟です。

このように考えると、犬も猫もそしてヒトも、それぞれ発達しているパーツが違うだけで、基本的には同じ動物であることが浮き彫りになってきます。動物はみんな血を分けた兄弟なのです。

ヒトは大脳が特別に発達した普通の動物である

ヒトは決して特別な動物ではないと思います。特別に選ばれた動物ではないし、特別に優れた動物でもありません。特別という言葉をどうしても使いたいならば、ヒトは特別に大脳が発達した普通の動物である、というべきであると思います。ならば、犬は特別に嗅覚が発達した普通の動物だし、猫は特別に運動能力の優れた普通の動物です。

当然ながら、病気から自然に治る力の強さも同じです。世間でよく言われているように、犬や猫などの動物の方がヒトより自然治癒力が強い、ということはありません。動物も変質したものなど不自然なものを食べたら下痢をするし、皮膚の切り傷は治るのに一週間ほどかかります。自然治癒力の強さは動物もヒトも同じです。

そうです、ヒトは決して特別な存在ではなく、この地球上で他の生物たちと共に暮らす動物の一種なのです。ですから、本書で紹介している、私が動物病院での仕事の中で動物たちから教えてもらった情報は、我々ヒトにもそのまま十分に適用できるものであると思います。

串カツを丸飲みした犬に学ぶ

串カツを丸飲みした犬、ゴンの場合

ある朝、体重一〇キロくらいのミックス犬、ゴンが来院してきました。脇腹に怪我をしているということです。飼い主さんの話によると、ゴンの脇腹に傷があるのは一週間ほど前から気がついていたそうです。しかし、小さな傷なので自然に治るだろうと様子を見ていたのです。ところが、その傷が日に日に大きくなって、ついに中から膿が出るようになったということです。

ゴンを診察すると、確かに脇腹に直径三センチ位の円形の化膿した傷（化膿創）があります。皮膚表面だけの傷ではなく、かなり深そうです。ひどい傷ではありませんが、ただの外傷にしては少し経過が長すぎます。私は傷の中に何か異物でも入っているのではないかと疑って、ピンセットでその化膿創の中を探ってみました。すると、何か固いものに触れました。やはり異物があるようです。それもかなりしっかりしたものです。

脇腹の傷は異物の出口だった

私はそれをピンセットで挟んで引っ張ってみました。すると、その異物は抵抗もなくするすると出てきました。出てきたものを見て、私は目を見張りました。何と、それは長さ二〇センチもある「串」だったのです。焼き鳥とか串カツに使う竹の串です。

飼い主さんに聞くと、「そういえば一〇日ほど前に串カツを食べさせた」ということです。犬に串カツを食べさせるのは悪くないけれど、串のままやってはいかんでしょう、と思いましたが口には出しませんでした。動物と飼い主さんとの関係はさまざまなのです。

ゴンの胃の中に入った串カツは、胃粘膜によって食べ物であると判断され、吐き出されることなく、カツだけが消化されながら胃から十二指腸に入っていきました。しかし、串はあまりに長くて、十二指腸を通過することはできなかったのです。犬の十二指腸は結構長くて、折れ曲がっています。

からだとしては、こんな異物をいつまでも腸の中にとどめて置くわけにはいきません。何とかしてからだから排除しなければなりません。

そこでやむをえず、腸に穴を開けて串を通しました。次に腹膜と腹筋、そして皮膚にも穴を開けて串をからだから排出しようとしたのです。つまり、ゴンにできた脇腹の皮膚の傷は、外から力が加えられてできたものではなく、内側から開けられた串の排出口だったのです。

腸に穴が開くと、腸の内容物が腹腔に漏れ出てきて腹膜炎を引き起こすものですが、ゴンの場合は自発的に腸に穴を開けたので、からだはそれを防ぐ準備をしていました。その主役は「大網」です。

お腹の中には大網という柔らかい組織が投げ網を打ったように広がっています。竹串が貫通して腸壁に穴が開くと、その大網が穴にピッタリとへばり付いたのです。そして、腸の内容物が腹腔中に漏れ出てくるのを防いだのです。また、大網は腹筋にできた穴にもへばり付いて、外から腹腔に細菌が侵入してくるのを防ぎました。

皮膚にとげが刺さると、傷が化膿してとげが膿と一緒に出てきますが、それと同じようなことが、ゴンのお腹の中で起こっていたのです。竹串が腸とお腹を貫通したわけですから、結構大変なできごとです。しかしその間、ゴン本人には何の自覚症状もなく、食欲旺盛で、毎日喜んで散歩に行き、排便も正常だったということです。

自然治癒例を無理に医学的に治療すると、大変なことになる場合がある

このケースを医学的に診断治療しようとすると、次のようになります。

まず、本当に異物を食べたのかどうかを診断するためにレントゲンを撮ります。しかし、竹串はレントゲンに写らないのでバリウム造影をすることになるでしょう。バリウムを飲ませ、串をバリウムで取り囲むようにしてからレントゲンを撮るのです。そのようにして、バリウム造影レントゲン検査をすると、十二指腸内に細長い異物が写ります。

内視鏡を使ってこの異物を口から摘出することは困難です。開腹手術になります。飼い主さんには手術の危険性を説明し同意してもらわなければなりません。一〇〇パーセント安全な麻酔や一〇〇パーセント安全な手術はありえないからです。

手術の前に全身麻酔をします。十分に麻酔がかかると、腹部の皮膚をメスで一〇センチほど縦に切開します。次に、腹筋と腹膜を切開します。その創を開いて腹腔に手を入れ、十二指腸を触診すると、固い異物に触れます。その異物の真上で腸を五ミリほど切開します。すると切開創から異物が顔を出し、それが竹串であることが判明します。その竹串を腸から引き抜きます。その後、腸を吸収性の糸で縫合します。それから、腸の切開創の周りを生理食塩水で洗浄します。腹

膜と腹筋を縫合します。最後に、皮膚を縫合して手術を終えます。

串カツを飲み込んだ犬に医学的な治療をして串を摘出しようとすると、これだけの手順が必要です。麻酔の危険が伴います。手術が腹膜炎を引き起こす危険もあります。

しかし、ゴンは自分の力で安全に串をからだから排出してしまったのです。私は串をピンセットで引き抜き、その後傷口を生理食塩水で洗浄しただけです。その傷も二〜三日で自然に治ってしまいました。

胃腸は縫い針をも優しく通す

私はゴンの他にも、口から入った竹串が脇腹の皮膚から出てきた犬を、あと一例診ています。どういうわけか、焼き鳥や串カツを串の付いたまま与える飼い主さんが少なくないのです。

飼い主さんの見ている前で、縫い針を飲み込んでしまった犬も何頭かいました。飲んだ直後ならば吐かせようと試みますが、どうしても吐かせることができず、開腹手術をして針を摘出したこともあります。

しかし、最近では縫い針を飲み込んでも、ほとんどの場合肛門から便と一緒に出てくるのがわかっていますから、何もしないで様子を見るように飼い主さんに勧めています。体重二キロにも

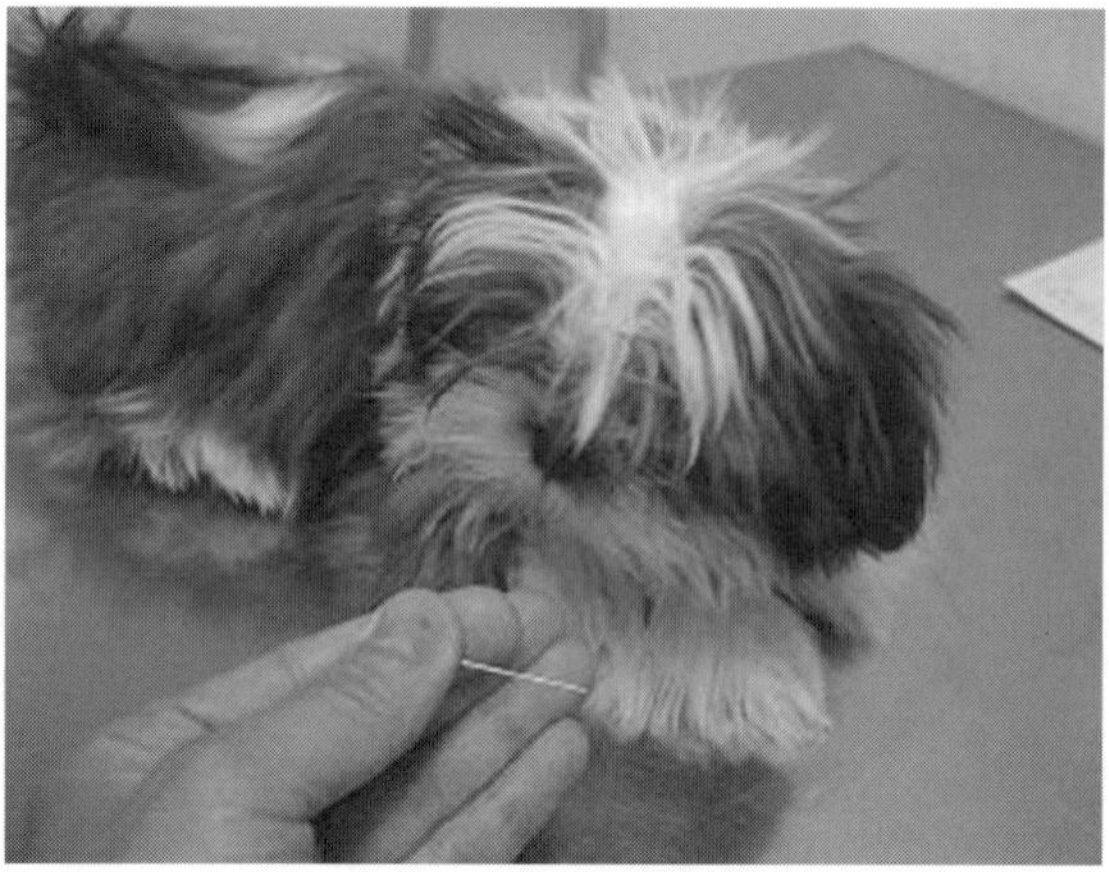

こんな針を飲み込んだらダメですよ。

満たない生後三ヶ月のシーズー犬が、三センチもある縫い針を飲み込んだことがありましたが、やはり二日後に肛門から出てきました。

動物だからこんなに自然に治る力が強いのだ、というわけではありません。自然に治る力の強さはヒトも動物も同じです。ヒトの赤ちゃんにも全く同じ事例があります。私は縫い針を飲み込んでしまった赤ちゃんの話を、その母親から聞いたことがあります。その縫い針もちゃんと便と一緒に出てきたそうです。

大人のヒトには次のような実話があります。何かの拍子に総入れ歯を飲み込んでしまったおばあさんがいたそうです。しかし、そのおばあさんは賢明でした。病院に行かなかったのです。すると、後日ちゃんと肛門から出てきたそうです。

病院に行っていた場合、そのおばあさんが受けたであろう検査や治療を想像すると、ぞっとします。腸というものは、そして肛門というものも、驚くほどすごいものを通過させてしまう能力を持っているようです。

出てきた総入れ歯をきれいに洗って、また使ったかどうかは私の知るところではありません。私なら間違いなく使います。

縫い針を飲み込んでも慌てる必要はない

私はこれらのケースから多くのことを学びました。ヒトを含む動物の自然に治る力は、私たちの想像をはるかに越えていることがあるのです。しかし、私はなにも「竹串を食べても心配ない、縫い針を飲み込んでも大丈夫」と言っているわけではありません。もちろん、時には医学的な処置が役に立つ場合があります。問題はその確率です。

私は竹串を飲み込んでそれが脇腹から出てきた犬は、二例しか診たことがありません。しかし、縫い針を飲み込んだ犬は一〇例以上診ています。そのうちの一例は開業して間がない頃だったので、開腹手術をして縫い針を摘出しました。当時はそうするべきだと信じていたのです。しかし、その他のすべての症例で、針が肛門から便と一緒に出てきたのを確認しました。手術をした犬の場合も、腹痛などの症状があったわけではありませんでした。

現実には縫い針を飲み込んでしまった犬は数多くいるはずです。しかし、飲み込まれた縫い針が体内に刺さって大変なことになった、という例を私は一度も経験していませんし、聞いたこともありません。どうやら、縫い針を飲み込んでも、腹膜炎や胸膜炎になる確率は極めて低いようです。ですから、少なくとも慌てて医学的処置を受ける必要はないと思うのです。縫い針を飲み込んだのに、そのまま様子を見ていたために後で大変なことになる確率と、麻酔をされ摘出手術を受けて大変なことになる確率を比べると、前者の方が低いということです。具体的な数字で表わすと、縫い針を飲み込んで死ぬ確率は二〇〇〇分の一以下、飲み込んだ縫い針を摘出する手術で死ぬ確率は二〇〇〇分の一以上、だと私は推定しています。

「放置しておくと大変なことになるので、そうなる前に医学的な治療を受けたほうがいい」という仮説には、私は大いに疑問を持っています。それは縫い針の例に限らず、ガンでも他のすべての病気でも同じだと思います。症状が出てから、つまり、生活の質が落ちるようになってから、医学的な処置を受ければいいのです。それで決して手遅れになることはないと思います。

「若くて元気なうちに盲腸を切っておかないと、年取ってからだが弱ってから手術を受けることになると危ない」といって、何の症状もないのに盲腸（虫垂）切除手術を受けるヒトはいないと思います。すべての病気に対して、その考えでいいのです。

消毒すると傷の治りが悪くなる

医療行為を検証する①——外科手術時の抗生物質の使い方

ほとんどの病気は医学的な治療をしないほうが早く治ります。医学的な介入が治癒を妨げることが多いのです。その事実に気がついてから、私はそれまで常識とされてきたすべての医療行為に疑問を持ち始めました。そして、自分でもできるだけ多くの医療行為を実際に検証してみました。

例えば、外科手術を行う時の抗生物質の使い方です。

「骨折整復手術や避妊手術など、外科手術の後には化膿を防ぐために、最低五日間抗生物質を投与する」というのが医学的常識になっています。私もそのように教育されてきました。そして、そのとおりに実践してきました。

しかし、実際は手術の後ではなく、手術の直前に抗生物質を投与したほうがいいのです。それも一回の投与だけで十分なのです。もし手術が長時間に及ぶ場合は、手術の途中に追加投与をします。手術後には抗生物質を投与しないのです。欧米ではむしろこちらのほうが医学的常識のようです（『抗生物質治療ガイドライン』オーストラリア治療ガイドライン委員会）。

抗生物質にもさまざまな副作用がありますから、投与は最小限にしたほうがいいに決まっています。

医療行為を検証する②――膀胱炎に対する抗生物質の使い方

「細菌に感染したら、長期間抗生物質を使って徹底的に細菌をやっつけなさい。さもないと、菌が耐性を持つようになってしまう」という説にも私は疑問を持っています。臨床の教科書はもちろんこの説に従っています。例えば、細菌性膀胱炎に対しては「抗生物質を一〇日から一四日間は続けるべきである」と記載されています。

しかし、それは逆だと私は思います。抗生物質を長期間使って、徹底的に菌をやっつけようとするから、耐性菌が出現するようになると思うのです。抗生物質の乱用こそがＭＲＳＡ（メチシリン耐性黄色ブドウ球菌）など耐性菌出現の原因であり、ひいてはそれが院内感染につながるのではないでしょうか。

細菌性膀胱炎でも抗生物質の投与で快方に向かえば、その時点で投与を止めて、あとは自然に治る力に任せたほうが早く治るのです。抗生物質でちょっとバックアップするだけでいいのです。残っている細菌は白血球がやっつけてくれます。

私の検証によると、犬でも猫でも、ほとんどの膀胱炎は抗生物質の一回投与で治りました。たった一回です。長くても三日で十分でした。それで効果がなかったり、再発を繰り返したりするようならば、それは抗生物質の投与が足りないからではなく、膀胱結石があるとか、からだを冷やしているとか、過度のストレスがあるとか、寝不足であるとか、排尿を我慢しすぎるという生活習慣を続けているとか、免疫不全があるとか、何か他に原因があるからだと思います。

医療行為を検証する③——手術創の消毒

手術後の創の消毒にも疑問を持っています。手術後には、メスで切開した皮膚の創を、毎日ヨーチンなどで消毒するのが常識です。私も以前はそうしていました。しかし、今は全く消毒していません。というより消毒をしないようにしています。ガーゼを当てたり包帯を巻いたりもしていません。

手術の後に創を毎日消毒しガーゼを当てた場合と、何もしなかった場合とを比べてみたのです。

その結果、手術創は消毒をしないほうが早くきれいに治るし、ガーゼを当てたり包帯を巻いたりもしないほうが、早くきれいに治ることがわかったのです。

自分の傷で試してみました

外傷でも同じです。外傷もむしろ消毒をしないほうが早くきれいに治ります。これは私自身が怪我をした時に試してみました。

ある夏の日、山の中腹にある体育館からの帰り、自転車で坂道を下っていた時のことです。突然、右手に下げていた紙バッグが前輪とフレームの間に挟まり（紙バッグを下げて自転車に乗るなんて自転車乗り失格！）、ハンドルが曲がったまま制御できなくなってしまいました。急ブレーキをかける間もなく私のからだは空を飛び、ハンドルの上を越えてアスファルトの路面に顔面から激突しました。

かなりのスピードが出ていたし、半そで半ズボンという服装だったので、私は広範囲に外傷を負いました。見た目にも結構ひどい怪我で、通りかかったヒトが救急車を呼ぼうとしたほどです。

私はそれを丁重に断り、自転車はほとんど無傷だったので、それに乗って自力で帰りました。

そして、風呂場で裸になって全身を見ると、外傷は顔面から肩、肘、膝にまで及んでいました。

からだの左右どちらかが特にひどいということはありませんでした。そこで次のような実験をしてみました。

シャワーで洗浄しただけの傷と、医学的治療をした傷の治り方を比べる

左半身の傷にはシャワーで洗浄したあと、イソジンで消毒し、その上から抗生物質をつけたガーゼを当てました。そして、毎日消毒し、毎日ガーゼを取り替えました。外傷に対する教科書的治療です。一方、右半身の傷はシャワーで洗浄しただけで、あとは何もしませんでした。

翌日、シャワーで洗浄しただけの右半身の傷は、すでに少しながら、かさぶたができ始めていました。しかし、左半身の傷のガーゼを取ると、傷はまだ全くかさぶたになっておらず、じくじくしていました。

二日目になると、洗浄しただけの傷はかなり広範囲にかさぶたができて、乾いてきました。しかし、ガーゼを当てている傷はまだ全くかさぶたができていませんでした。傷を消毒しガーゼを当てるという行為が、かさぶたをできにくくしたようです。

かさぶたは一時的な皮膚の代わりみたいなもので、外傷で損傷した組織を守る大切な役目をしています。外傷の自然治癒にはなくてはならないものです。

その後も治療をしなかったほうの傷は、驚くほどのスピードで見る見る治っていきました。毎日消毒し、ガーゼを毎日交換したほうの傷とは明らかな差がありました。

治療をしていた傷は、治療をしなかった傷がほぼ治った後も、まだじくじくしていたので、途中で治療を止めました。

消毒するとばい菌も死ぬが健康な細胞も死ぬ

細菌は皮膚に傷ができた瞬間に取り付くことがわかっています。問題はその細菌を薬で殺すべきかどうかです。

傷に消毒薬をつけると、確かに取り付いた細菌は死ぬかもしれません。しかし、傷の中の健康な組織まで、薬によって痛めつけられてしまいます。傷を消毒すると激しく沁みるのはそのためです。「消毒なんかしないでくれ！」と傷が叫んでいるのです。消毒すると傷の治りが悪くなることがあるのは、消毒薬によって、傷が治るのに絶対に必要な傷の周りの健康な細胞まで、細菌と共に死んでしまうからだと思います。

その上、ガーゼを当てたり包帯を巻いたりすると、圧迫されることによって傷口への血液供給が悪くなり、なおさら治癒が遅れるのでしょう。血液が白血球や栄養を傷口へ補給してくれなけ

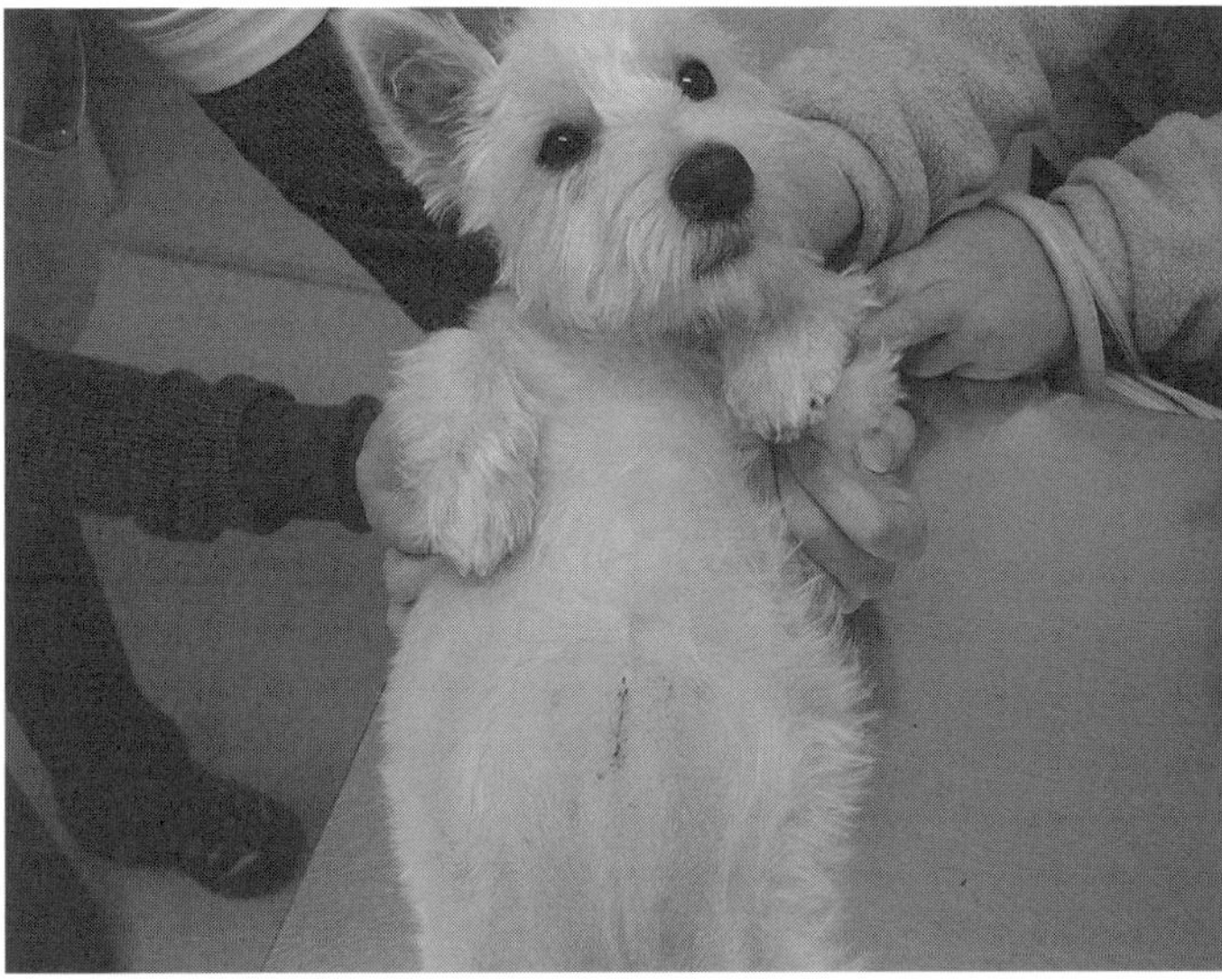

開腹手術の翌日チェック（消毒なし、ガーゼなし、術後抗生物質投与なし）。

れば、外傷は治ることができません。

外傷は流水できれいに洗浄し、その後縫合するべき場合は縫合する、そして、抗生物質を飲むなら受傷直後の一回きりにとどめ、あとはガーゼを当てたり包帯を巻いたりしないで、そっとしておくのが一番いいと私は思います。

私はこの方法で外傷に対する処置を行っていますが、動物にもヒトにも良好な結果を得ています。交通事故によるひどい外傷でも同じです。猫が交通事故で後ろ足をタイヤでひかれ、皮膚が指先までずる剥けになっていた症例がありましたが、この治療法で驚くほど速やかに治りました。

外傷の治療を参考にして他の医療を検証する

「傷は消毒しなければ化膿する」——ほとんどのヒトはそう信じていると思います。しかし、傷を医学的に治療するとかえって治りが悪くなることがあるのです。この事実は、病気でも治療するとかえって治りが悪くなることが十分にありうる、ということを示唆しています。この際、医療行為というものを全般的に見直してみるのも悪くないと思います。

心とは何か？

野良猫が病気に弱い理由

猫にウィルス性鼻気管炎という病気があります。主な症状は目ヤニと鼻汁です。ヒトの風邪みたいなものですが、野良猫は毎年この病気が流行する冬場になると、数が半分に減ってしまいます。彼らにとっては結構死亡率が高い病気なのです。

野良猫たちには雨露を防ぐ場所もあり、食べ物を毎日運んでくれる猫おばさんもいます。しかし、病気に対して抵抗力というものがありません。簡単にこのウィルス性鼻気管炎にかかってしまい、簡単に死んでしまうのです。死因は極度の衰弱です。この病気になると、野良猫たちはまるで生きる気力をなくしたように、あっけなくばたばたと死んでいきます。

しかし、ヒトに可愛がってもらっている猫は、このウィルス性鼻気管炎にかかってもほとんど死ぬことはありません。その理由は、動物病院に連れていってもらって、医学的な治療を施してもらえるからではありません。もともと、ウィルス感染症に有効な医学的治療はありません。ウィルス感染症に解熱剤を投与するとかえって治りが悪くなるほどです。

ヒトに可愛がってもらっている猫がこの病気から治るのは、飼い主さんから手厚い看護をしてもらえるからです。流れ出るハナや目ヤニを優しくティッシュで拭いてもらったり、抱っこされて手から食べ物をもらったりすると、病気で苦しんでいる猫に、生きる意欲や病気と戦う力が湧いてくるのでしょう。野良の猫なら死んでしまうような症状になっても、飼い猫の場合にはほとんど治ってしまうのです。

心はエネルギーを持っている

動物の心にはエネルギーがあると思います。それは熱エネルギーとか電気エネルギーなどのエネルギーと、基本的には同じものであり、心エネルギーと呼んでもいいでしょう。そして、この心エネルギーが十分にあると、動物は心身ともに健康であり、その反対に、心エネルギーが不足してくると、病気になってしまうのです。

健康な動物が生きている状態は、高速で回転している独楽《コマ》みたいなものだと思います。高速で回転している独楽は、まるで静止しているように見えますが、実際は常に細かい調整を行って、直立姿勢を維持しています。高速で回転しているほど独楽は安定しています。独楽すなわち肉体に回転力を与えているのが心エネルギーです。

独楽が十分な速さで回転していると、小石などがぶつかって多少回転軸がぶれても、すぐに立ち直って元の姿勢に戻ることができます。しかし、エネルギーが低下して、回転力が弱くなると、小さな力を加えられるだけで、ふらついてしまいます。そして、ついには倒れてしまいます。これが病気です。

病気にかかっている動物の心エネルギーは低下しています。ですから、病気の動物には肉体的なケアー（独楽の修理）だけではなく、心エネルギーを高めるための、心のケアーが不可欠です。いかに完璧な独楽でも、エネルギーがなければ回ることはできません。

心エネルギーが低下する原因は不安感とか、絶望感、喪失感、不幸感などの感情です。それを安心、希望、幸福感、などの感情に変換してやらなければならないということです。

心のエネルギーは心から心に伝わる

ところが、幸いなことに、心エネルギーは心から心に伝わります。ヒトからヒトに、ヒトから動物に、動物からヒトに、心エネルギーは伝わることができるのです。ですから、ウィルス性鼻気管炎にかかった猫の場合も、ヒトが献身的な看護をすると、心エネルギーがヒトから猫に伝わって、猫の病気が快方に向かうのです。可愛がってもらっている動物の病気が治りやすく、孤独な動物の病気が治りにくい理由はここにあるのです。

その上、心エネルギーにはエネルギー保存の法則が適用されません。つまり、自分以外のヒトや動物に心エネルギーをあげても、自分の心エネルギーが低下することはないのです。その反対に、心エネルギーをあげることによって相手から喜ばれ、その結果自分が幸せを感じることになり、自分の心エネルギーも高まるのではないでしょうか。

心エネルギーを伝えるのに難しい技術や高価な装置は必要ありません。大切なのは心のこもった手厚い看護です。自分の時間と手間を病気の動物にかけてあげればいいのです。そして、スキンシップで自分の心エネルギーを病気の動物に伝えるのです。いくら時間と手間をかけても、祈ったり、千羽鶴を折ったり、お百度参りをするという方法では、心エネルギーは伝わりにくいように思います。ウィルス性鼻気管炎にかかってしまった猫にするように、ティッシュで鼻汁や目ヤニを拭いたり、抱っこして手から食べ物を食べさせたり、といったスキンシップが、病気で苦しんでいる動物に心エネルギーを伝える、一番効果のある方法だと思います。

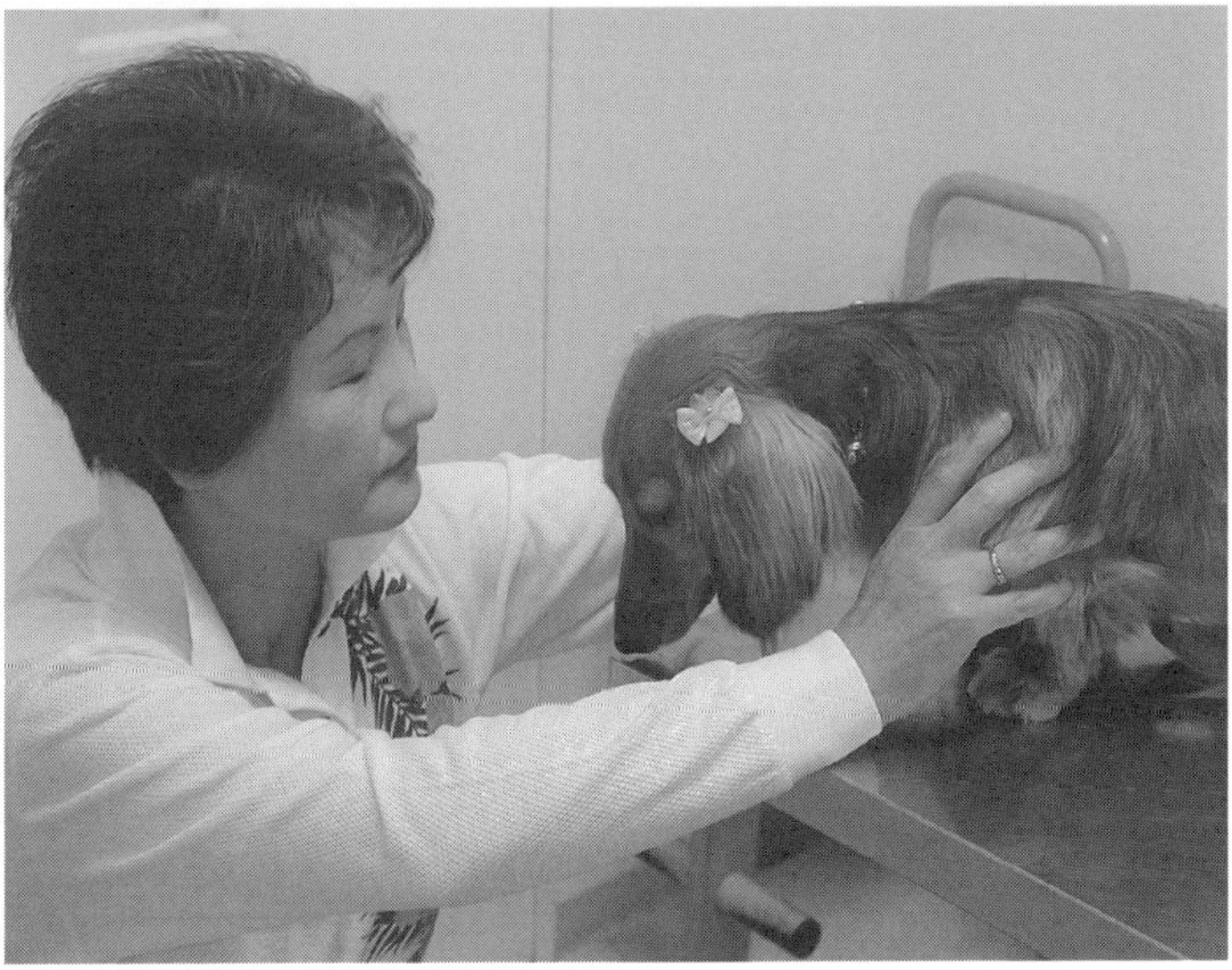

心エネルギーは心から心に伝わる。

心のエネルギーは無意識の世界にある

ヒトの世界でも、看護婦さんや付き添いさんなど、お世話になっている方々に、いつもありがとうという、感謝の気持ちを忘れない患者の病気は治りやすく、その逆に、病気になってしまった自分の不運を嘆き、愚痴ばかりこぼしているヒトの病気は治りにくいといいます。

その理由は二つあると思います。一つは、嘆きや愚痴はそれを口にするだけで自分自身の心エネルギーの低下につながるからです。あと一つは、周りのヒトを不愉快にするような病人は、みんなからうとまれて、心のこもった看護はもちろん、同情もしてもらえず、回復の力になる心エネルギーを伝えてもらえないからでしょう。

心エネルギーは意識的に伝えようとしても伝わるものではありません。心エネルギーの伝達は無意識の世界で行われるものです。動物に対してもヒトに対しても、病気で苦しんでいる時には、それがからだの病気であれ心の病気であれ、無理に治そうとしたり癒そうとしたりせず、黙ってそばにいて、やさしくそっと撫でてあげればいいのです。いろいろと助言をする必要はありません。また、問題の解決策や治療法を教えたりする必要もありません。共に苦しみや痛みを分かち合えばいいのです。そうすれば自然に心から心に、心エネルギーは伝わるものだと思います。

愛されている生き物は長生きする

犬も猫も平均寿命はだいたい同じくらいです。どちらも一三年くらいです。しかし、時々、びっくりするほど長寿の犬や猫がいます。私が動物病院開業以来今日までに、直接診察し、それが事実であることを確認した最高齢は、犬で二一歳、猫で二三歳、ウサギで一〇歳です。

動物の寿命には、いろいろな要素が関係していると思います。同じ犬種でも戸外で飼うより、家の中で飼った方が長生きしますし、食生活とも関係があると思います。その他にも、遺伝、自然環境、運動量、などが複雑に絡み合っているのでしょう。しかし、私の経験から推察すると、もっと大きな要因があるように思われます。それは飼い主さんとの関係です。

動物とヒトの絆

我々獣医師は、飼い主さんが最初に動物を連れて診察室に入ってくる姿を見るだけで、両者の

「愛猫ピコです。どうよろしくお願いします。」

絆がどれほどのものなのか推し量ることができます。リードの引き方、キャリーケースの持ち方、動物の抱き方、などがヒトそれぞれ違うのです。

次に、診察台の上の動物を飼い主さんに保定してもらいながら、飼い主さんから動物についていろいろと話を聞くうちに、両者の関係がもっと詳しくわかってきます。

動物病院に来るのは、動物を家族同様に可愛がっているヒトばかりではありません。少数派ですが、自宅警護や狩猟の道具として動物を飼っているヒトもいます。そういう動物は消耗品として扱われることがあります。能力がなくなれば新しい動物と交換されます。

自分を飾るファッションのように動物をと

らえているヒトもいます。そんな動物は外観が重視されるので、皮膚病になると冷たくあしらわれることになります。

また、一部のヒトにとって、動物は生活の糧を得るための商品です。当然ながら、病気の治療に際しては経済的な損と益を秤にかけ、ドライに割り切らなければなりません。酪農家の牛と同じです。

しかし、動物病院に来る大多数のヒトは、動物たちを家族の一員として大切にしています。中には自分の分身のように可愛がっているヒトもいます。

阪神淡路大震災の時には、地震の直後、妻子がいるにもかかわらず、真っ先に可愛がっている動物の名を呼び、その動物を胸に掻き抱いて守ったというヒトがいました。そして動物の無事を確認した後に、初めて妻子の安否を確かめたという話を、半分笑い話として何人かのヒトから聞きました。

ヒトの幼児は守ってやるべき天真爛漫な可愛い天使ですが、やがて成長して親元を離れていきます。しかし、動物は一生守ってやるべき天真爛漫な可愛い天使なのです。

慢性腎炎で腎臓機能が低下した愛犬のために、自分の腎臓を一つ移植してやってほしいと真剣に申し出たヒトも複数います。

動物福祉団体に二千万円寄付し、同居していた五匹の猫たちを託した一人暮らしのお年寄りもいます。そのお年寄りはからだが弱ってきたので施設に入ることになったそうです。

このように動物とヒトとの関係は実にさまざまです。そして、それが動物の寿命とも大いに関係があるのです。長年動物を診療しているうちに気がついたのですが、平均寿命をはるかに越えて、元気で長生きしている動物には、ひとつ共通していることがあります。それは飼い主さんからとても大切にされている、ということです。

大切にされているといっても、飼育環境が整っているとか、食べ物が上等であるというのではありません。一年中エアコンつきの部屋で、毎日高級なフードを食べさせてもらっていても、飼い主さんとのスキンシップがなければ動物は長生きできません。心のこもった世話をしてもらっている動物が長生きしているのです。可愛がってもらったら動物はみんな長生きする、というわけではありませんが、長生きしている動物は例外なく飼い主さんからベタベタに可愛がってもらっています。

可愛がってもらっている動物が長生きできる理由①

飼い主さんから可愛がってもらっている動物が、長生きできる理由は二つあると思います。その一つは、飼い主さんに可愛がってもらうことにより、飼い主さんの心から、生命活動の根源である心エネルギーを伝えてもらえるからでしょう。心エネルギーは心から心に伝わることができるのです。心エネルギーが高いレベルにあると、動物は病気になりにくく、たとえ病気になっても治りやすいのです。

37頁「心とは何か?」の項で述べたように、それは猫が風邪を引いた場合にも明らかです。ヒトに可愛がってもらっている猫は風邪を引いてもまず死ぬことはありませんが、ヒトに可愛がってもらえない野良猫は、風邪を引くとあっけなく死んでしまいます。ヒトに可愛がってもらっている猫は心エネルギーのレベルが高く、ヒトに可愛がってもらえない野良猫は心エネルギーのレベルが低いからです。

猫という動物は何万年もの昔からヒトと共に暮らしています。今日では猫は野生ではなく、ヒトと共に暮らすのが自然な動物なのです。猫はヒトと共に暮らし、ヒトに可愛がられてこそ心エネルギーが高まる動物なのです。ですから、野良猫には、野生動物の持つ凛々しさというものがありません。野良猫は不自然な暮らしをしているのです。不自然な暮らしはそれが何であれ病気の原因になります。

ヒトでも恋愛中のカップルは疲れを知らず、その上病気にもなりにくいといわれています。ふたりとも心エネルギーのレベルが高く、免疫系がうまく働いているのでしょう。

その反対の実例もあります。周りのヒトから愛されることのない乳児は、衛生と栄養の面で最高の条件下に置かれても、普通の乳児より、死亡率が高いそうです。

ウサギにもやさしく愛情深い介護をした群と、そうでない群とを比べると、罹病率は後者の方が五〇パーセントも高かったという報告があります。

次のようなリサーチもあります。アメリカのある保険会社が、妻から毎朝行ってらっしゃいのキスをしてもらえる夫たちと、キスをしてもらえない夫たちの健康状態を追跡調査したのです。すると、五年後には妻からキスをしてもらえない夫のほうがたくさん死んでいたそうです。なんとなくわかるような気がします。

可愛がってもらっている動物が長生きできる理由②

ヒトから可愛がってもらえる動物が長生きし、ヒトから可愛がってもらえない動物が病気になって早死しやすい理由の二つ目は、ヒトから可愛がってもらえる動物のほうが、生存に適しているからだと思います。適者生存の法則が気質にも適用されるのです。

動物は一人では生きていくことができません。社会生活をしている動物はなおさらです。力が強いばかりではなく、共に暮らす仲間を大事にし、仲間から大事にされる個体が元気で病気をせずに繁殖に成功する、自然界はそういう仕組みになっています。その反対に、力が強いだけの個体が繁殖に成功するような仕組みになっていると、その動物種は争いを繰り返し、やがて滅び去るでしょう。

社会生活を営むのにふさわしくない気質を持った動物、つまり共に暮らす仲間から大事にされない性格の動物は病気になって滅ぶ、これもひとつの自然淘汰です。その逆に、共に暮らす仲間を大事にし、共に暮らす仲間から大切にされる動物は長生きして繁殖に成功する、これは適者生存の法則です。

心にも多様性がある

しかし、自然界では生存に適した動物だけが生き残るわけではありません。生存に適さない動物にもわずかながら生存を許します。それは大腸菌でも同じです。

ある環境に適した大腸菌と、その環境には不適な大腸菌を混ぜて培養すると、環境に適した大腸菌だけが繁殖するのではなく、環境に適さない大腸菌も少数ながら生き長らえます。自然界は多様性を尊ぶのです。大腸菌も犬も猫もヒトも、みんな同じ遺伝子記号を元に創られている生物

「うちのナナは19歳、ヒトでいえば100歳以上です。」

なので、大腸菌の法則が動物やヒトに適用されても決して不思議ではありません。

多様性は体質だけではなく、気質にも及びます。動物の中には、ヒトとの社会生活を営むのに適さない気質を持った個体が、確かに存在します。例えば、生まれつき非常に攻撃的な性格の犬に、たまに出会うことがあります。そんな犬は幼時からどんなに可愛がっても、フレンドリーな性格に変わることはありません。たとえヒトに可愛がられて心を開くようになっても、思わずヒトを噛んでしまうという癖は一生続くものです。

長生きするためのひとつの条件

長生きしている動物はヒトからベタベタに

可愛がってもらっている、それは紛れもない事実です。人間も社会生活を営んでいる動物です。長生きしたければ、共に暮らす仲間との和を大事にすることがひとつの条件になるでしょう。そのためにはあまり競争を重視せず、One For All の精神で、心穏やかに暮らすことです。

勝ったり負けたり、憎んだり憎まれたり、という暮らしを続けていると、心エネルギーが低下して病気になり、早く死ぬ確率が高くなるでしょう。それが大自然の摂理です。

しかし、「短くてもいい、人生はドラマチックに生きなければ」と考えているヒトはそれもいいと思います。

症状を薬で抑えてはいけない

症状は病気と闘うための武器である

病気には下痢、嘔吐、発熱、疼痛、などといった症状が伴います。症状とは、何らかの形で生活の質が落ちている状態であると私は定義しています。

生活の質が落ちるということは、つらいとか苦しいということです。ですから、少しでも早く症状をなくして元気になりたいと願うのも無理はありません。

しかし、実は症状はからだを守る反応でもあるのです。動物は症状という武器を使って病気と闘うのです。ですから、症状を薬で抑えてしまうと、病気との戦いに負けてしまう可能性があります。症状はむやみに止めてはいけないのです。

動物にとって確かに症状はつらいものです。しかし、動物の体内で進行しようともくろんでいる病気にとって、症状という反撃はもっとつらいのです。

下痢や嘔吐の場合

ほとんどの下痢や嘔吐は、からだに入ってしまった毒性の物質や、体内でできてしまった有害な物質を追い出すための防御反応です。薬で止めてはいけません。食中毒でも下痢や嘔吐は止めないほうがいいのです。

食中毒は細菌が産生する毒素が原因です。体内の毒素は肝臓に運んで解毒するより、下痢や嘔吐によって体外に排出するほうがいいのです。下痢を止めてしまうと毒素が体内に停滞し、それが胃腸から吸収されて中毒症状を引き起こす可能性が高くなります。

ヒトの病原性大腸菌O－一五七による食中毒では、下痢止めだけではなく、抗生物質も使わないほうがいいという意見があります。抗生物質を投与すると菌の細胞壁が溶けて、菌の中に閉じ込められていた志賀毒素（ベロ毒素）が外に出てきてしまい、それが腸壁から体内に吸収されて、腎不全などの中毒症状を引き起こすというのです。日本以外の国では、病原性大腸菌O－一五七による食中毒に対しては、抗生物質を使うべきではないという見解で一致しているそうです。

かつて大阪府堺市で発生した、病原性大腸菌O－一五七による食中毒の治療を、後で再検討した調査によると、やはり抗生物質の効果は証明できなかったということです（「堺市学童集団下痢症報告書——腸管出血性大腸菌O－一五七による集団食中毒の概要」堺市環境保健局衛生部地域保険課）。

食中毒には水分と電解質を口から補給するか、嘔吐があって口から補給するのが無理ならば、点滴輸液だけをして、自然に治るのを待つというのが一番のようです。

発熱の場合

原因が細菌であれ、ウィルスであれ、微生物の感染による発熱も薬で下げてはいけません。そもそも解熱剤という薬は、この世になくてもいいものであると私は考えています。

細菌やウィルスが動物の体内に侵入し、体内で増殖を始めている時に、体温を上げるという反応は、微生物と戦うという意味で極めて重要です。体温を上げることによって微生物の増殖を抑えているのです。そのために動物はわざわざエネルギーを使ってからだを温めているのです。その発熱を解熱剤で下げてしまうのはまさに本末転倒です。

発熱している時には解熱剤で下げるのではなく、逆に軽く温めたほうがいいくらいです。そのほうが本人も気持ちがいいはずです。体温を上げようとしているからだの働きを助けることになるからです。

自分で体温を上げることのできないトカゲなどの変温動物は、微生物に感染すると、日向ぼっこをして体温を二度ほど上げるそうです。また、魚類は微生物に感染すると、水温の高いところに移動するそうです（『動物たちの自然健康法』シンディー・エンジェル）。野生動物は微生物との闘い方をちゃんと知っているのです。

幼い子犬が高熱を出している場合、「薬で熱を下げないとひきつけを起こすのではないか」あるいは「熱で頭がおかしくなるのではないか」と飼い主さんは心配されます。しかし、ヒトの子どもの発熱の場合は、解熱剤が熱性痙攣を防ぐという証明はないばかりか、その逆に解熱剤こそが脳症の原因であるという説が有力です（『解熱剤で脳症にならないために』医薬ビジランスセンター）。

解熱鎮痛剤には、本来の病気が治りにくくなる以外にも、直接的な害があります。そのひとつが消化管潰瘍です。ヒトの胃潰瘍や十二指腸潰瘍の原因の第二位は、解熱鎮痛剤の副作用だということです。

病気を早く治そうと思ったら解熱鎮痛剤は飲まないことです。しかし、人生を賭けた大勝負や一世一代の大舞台を前にして、熱を出してしまったスポーツ選手や芸能人は、「明日からどうなってもいいから、いや明日には死んでもいいから、今この熱を下げたい」と考えているかもしれません。そんな状況下では彼らにとって解熱鎮痛剤は値打ちがある薬になるのでしょう。

痛みの場合

痛覚も動物にとって大事な自己防御機能のひとつです。痛みという警告によって動物は危険を回避したり、患部を休ませたりすることができるわけです。先天的に痛みの感覚のないヒトは、他が全く健康であっても長生きできないことがわかっています。また、関節炎でも外傷でも、鎮痛剤で痛みを抑えると、安静に保つべき患部を動かしてしまいますから治りが悪くなります。

病気や外傷はある経過をたどって治っていきます。時間が必要です。痛みは動物にとってつらいものですが、痛みがあるからこそ動物は病気や外傷に際し、自らを安静に保ち、自然に治るまでの時間稼ぎをすることができるのです。

ただし、自然治癒とは関連がない痛み、例えばガン性疼痛やヘルペスなどは、この限りではありません。この種の痛みは、痛みが痛みを呼ぶという悪循環に陥るので、何とかして抑え込まなければならないといわれています。

また、動物はヒトより痛みの感覚が鈍い、という話をよく耳にします。

しかし、決してそんなことはありません。痛みの感覚が鈍いと生存に不利ですから、もしそんな動物がいたら、自然淘汰により絶滅するでしょう。

動物は痛みの感覚が鈍いのではなく、痛みをなるべく表現しないようにしているのです。なぜなら、痛そうにしていると弱点を見せることになり、外敵に狙われやすくなるし、また、仲間の動物社会の中では順位が落ちて、生存や繁殖に不利になってしまうからです。

ハムスターのような小動物も傷みを感じています。関節炎のハムスターに鎮痛剤の入った餌と普通の餌の両方を与えると、鎮痛剤の入った餌のほうを好んで食べることが実験で証明されています。

ただ、痛みを苦しいととらえるのは大脳ですから、ヒトほど大脳が発達していない動物の場合、痛みを感じても苦しみはヒトより少ないのかもしれません。

過剰な医療行為は痛みの原因になる

動物を診ていると、痛みの大きな原因のひとつは過剰な医療行為にあると思われます。過剰な医療行為をしなければ、動物はそんなに痛がったり苦しんだりするものではないのです。

例えば、骨折の場合を例にとりましょう。

動物は骨折してもそんなに激しく痛がりません。骨折した瞬間は確かに痛がりますが、その後は安静にさえしていればあまり痛くはないようです。骨折を医学の力で徹底的に治療すると、持続性に痛がるようになるのです。

骨折の手術そのものはプラモデルを組み立てるのと同じようなものですから、大きく切り開いて仕事をすれば、大して難しいものではありません。小さな傷で手術をするのが難しいのです。しかし、骨折の治療に際して、折れた骨を正確に元通りの形に整復しようとすると、どうしても大きな傷を伴う手術が必要になります。なぜなら、正確に元通りの形に整復するためには、まず骨折の状態をある程度肉眼で確認しながら、手術を進めなければならないからです（プラモデルを作るように）。そのためには、組織をメスで大きく切り開き患部を露出する必要があります。そうすればどうしても骨折部の周りの筋肉や血管や神経が大きく傷つきます。細菌感染も起こりやすくなります。

また、骨折した骨を元通りの形につなぐには、骨にドリルで穴を開けたり、金属プレートを当ててネジで固定したりする必要も出てくるでしょう。この手技にも大きな切開が必要です。術後相当な痛みが出るのも当然です。

確かにそういう大きな手術を必要とする骨折もまれにはあるでしょう。しかし、ほとんどの骨

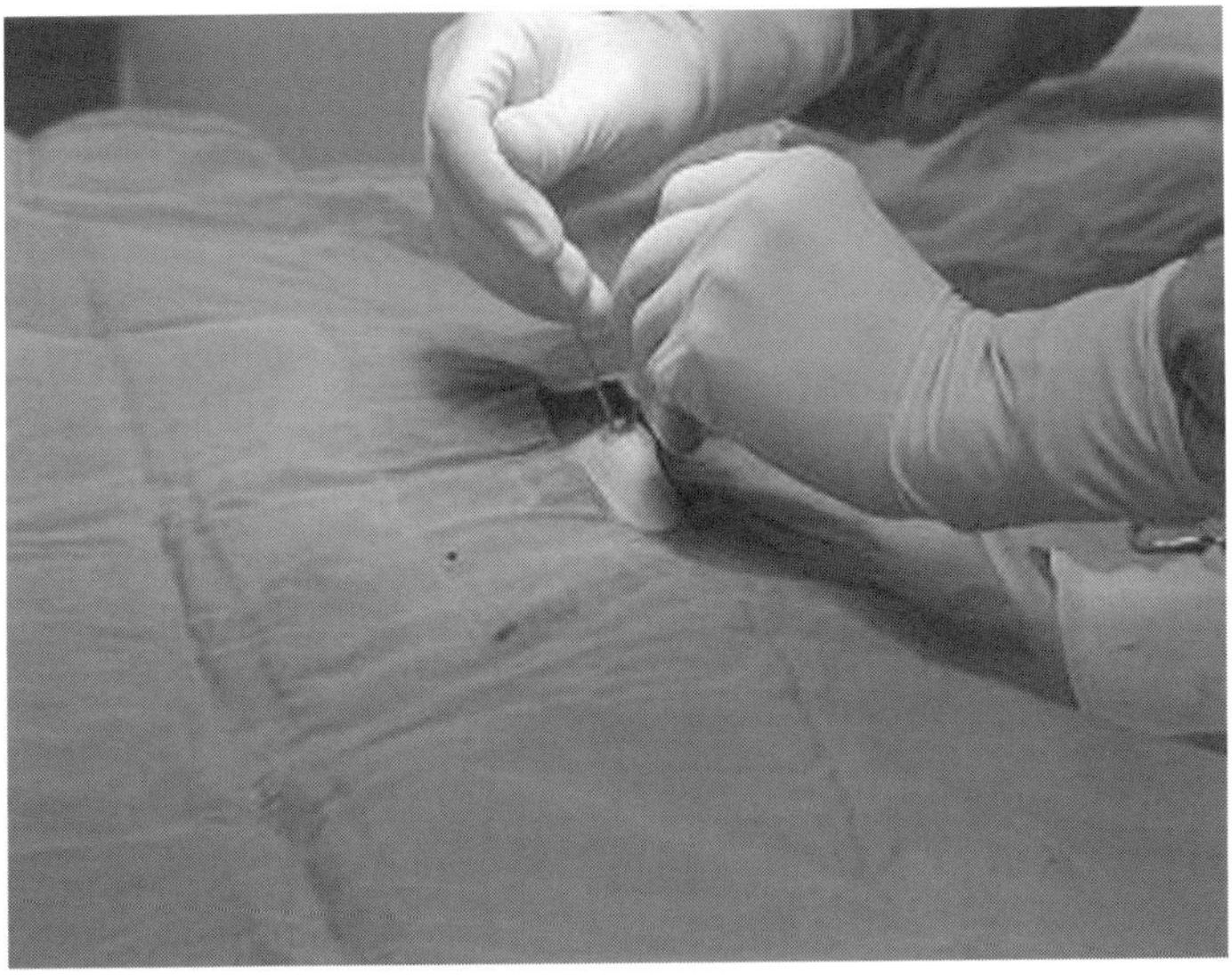

手術にはメリットもあるが危険もある。

折は、「いいかげん」な治療をしたほうがいいのです。そのほうが術後の痛みは少ないし、回復は早いし、後遺症も少ないのです。

折れた骨を完璧に元通りの形に整復する必要はないのです。いや、完璧に元通りの形に整復しようとしたらかえって悪いのです。医学的な知識に基づいたいいかげんな治療がいいのです。動物の場合を見ていると、骨折による多少の骨の変形は、時間が経つに連れて徐々に元の形に戻るものです。

骨折の手術は「名医」にしてもらわないほうがいいのかもしれません。

ガンの摘出手術も同じです。

ガン細胞を一つ残らず徹底的に摘出してやろうとすると、どうしても手術による損傷が大きくなります。再発を防ぐという目的で周辺リンパの切除まで行うとなおさらです。術後の痛みはひどく、後遺症も大きくなります。骨折の手術と同じです。それで寿命が延びるのならばいいのですが、ガンを徹底的に切除する手術を受けることによって、逆に寿命が縮んでしまうことのほうが多いように思います。また、たとえ手術で寿命が一ヶ月延びるとしても、苦痛に耐えなければならない時間が、一ヶ月延びるだけならば意味がないと思います。人気アナウンサーだった逸見さんは、ガンのために腹部から三キロもの臓器を摘出したそうですが、彼がどれほど苦しんで苦しんで亡くなったか、マスコミでも盛んに報道されていたのでご存知のヒトが多いと思います。逸見さんのガン治療の内容とその経過に関しては、慶応大学医学部の近藤誠氏の著書『がん専門医よ、真実を語れ』の中で、夫人の逸見晴恵さんとの対談の形で詳しく紹介されています。

ガンの手術も「名医」にしてもらわないほうがいいのかもしれません。

老人性痴呆（認知症）もひとつの防御反応である

症状はからだを守る反応である、という観点から考察すると、老人性痴呆もひとつの防御反応だと考えることもできます。年老いて自由に動かなくなった自分のからだの状態を、苦痛だと認識しないために、また身近になった死に対して不要な恐怖を感じないために、脳の機能が衰えてくるのだという考えです。通常、苦痛や恐怖という感情は動物の心とからだを守るために必要なものです。子孫繁栄に役に立ちます。しかし、終末期に苦痛や恐怖は必要ないというわけです。一理あると思います。

症状の苦しさに耐えるのが回復への近道である

皮膚の切り傷は治るのに約一週間かかります。いかなる濃厚な医学的治療をしても、その傷を三日で治すことはできません。病気も同じです。病気が治るのにはある程度の時間がかかります。いかなる濃厚な医学的治療をしても、その時間を縮めることはできないのです。

皮膚の傷を早く治そうとして消毒すると、逆に治癒が遅れることがあるように（29頁「消毒すると傷の治りが悪くなる」の項参照）、病気を医学的な処置で早く治そうとすると、かえって治癒が遅れることが多いのです。

ほとんどの病気は自然に治るものです。緊急治療を要する病気以外は、症状の苦しさに耐え、野生動物がそうするように、身も心も休ませてじっと待つのが回復への近道だと思います。

心の力はこんなにすごい！

条件反射も心の作用である

犬に毎日食事を与える前にベルを鳴らすと、やがて犬はベルの音を聞くだけで、よだれを流すようになります。有名なパブロフの条件反射です。「ベルが鳴ると食べ物をもらえるんだ」という期待感が、唾液腺を刺激して唾液の分泌を促しているわけです。条件反射もひとつの心の作用だといっていいでしょう。

猫にも心の作用が関係していると思われる、次のような症例がありました。慢性口内炎で通院していた、ミーシャという名前の、ペルシャ猫のケースをご紹介します。

ペルシャ猫ミーシャの場合

ミーシャの慢性口内炎はとても重症でした。口の中の粘膜が、やけどでもしたようにただれていました。ですから、口が痛くて痛くて、とてもごはんを食べることはできません。しかし、口以外は比較的健康ですから、食べたい気持ちはあるのです。飼い主さんがごはんをやると、ミーシャは食器の前で、食べ物を見つめながら、食べようかどうかじっと思案しているそうです。なぜなら、少しでも食べ物を口に入れると、激痛でもがき苦しまなければならないのが、彼女にはわかっているのです。それで食べるのを躊躇っているのです。お腹が空いてたまらないのに、そして目の前に食べ物があるのに、食べることができないのです。残酷な病気です。

治療はステロイドです。ステロイドを注射すると、翌日には口内炎が治まって見違えるように食べだすのです。しかし、それは一時的な反応であり、口内炎が完全に治ったわけではありません。ステロイド注射の効果が切れてくると、また口が痛くて食べなくなります。そこでやむをえず、またステロイドを注射します。ミーシャはもう何年もこの治療を繰り返していました。

このような猫の難治性慢性口内炎に対し、ステロイド以外にもインターフェロンを使った治療が報告されています。私も何例かに試してみましたが、望ましい効果は得られませんでした。また、歯を一本残らず抜けばいいという意見もあります。これは私には試したことがありません。

残念ながら、ヒトのエイズと同じように、猫のこのタイプの口内炎を、根本的に治す医学的な治療法は存在しないと私は考えています。しかし、対症療法を続けているうちに自然に治った例がありますから、希望を失うべきではありません。希望のないところには回復もありません。

ある日、ミーシャがまたいつものように、ごはんが食べられなくなって来院してきました。口内炎の再発です。しかし、あいにくその日は、当院の不手際でミーシャに打つべきステロイドを切らしていたのです。そこでやむを得ず、その日は注射を打つ真似だけをして、翌日ステロイドが入荷してから、注射することにしました。ところが翌日来院してきた時、意外なことが起こっていました。ミーシャの口内炎が治っていたのです。

ミーシャには、「病院で注射を打ってもらったら、口の痛みがすぐに治るんだ」という期待感があったのでしょう。それで、実際にはステロイドを投与していないにもかかわらず、注射を打つ真似をしただけで、ステロイドを投与したときと同様の反応があったのだと思われます。心の作用によりからだが反応したわけです。

大学病院で受ける治療はよく効く

「病気になればお医者様に行きなさい、そうすればちゃんと治してくださるよ」と子どもの時から繰り返し聞かされ続けていると、実際に病気になった時、病院で蒸留水を注射されるだけで、その病気は治ってしまうかもしれません。パブロフの犬がベルの音を聞くと、よだれを出すのと同じです。一種の条件反射です。

まして、「大学病院には最高の頭脳と、最高の設備が整っている」と大学病院を崇拝している病人は、大学病院でえらい先生に診てもらうだけで、病気が治ってしまうかもしれません。病気とは本来そういうところもありますし、心の作用とはそれほど大きな力を持つものだと思います。

また、こんな話もあります。

大学のえらい教授から、「これは血圧を下げる薬だから飲みなさい」と言われて、昇圧剤（血圧を上げる薬）を飲むと、実際には血圧が下がるヒトの方が多いそうです。心の作用は時として薬理作用にも勝るのです。ただし、いくらえらい教授でもGパンにTシャツ姿では、効果は望めません。威厳のある服装をして、立派な机のある教授室で、周りに数人の医師や看護師をはべらせながら薬を渡すと、より効果的でしょう。薬が効果を発揮するにはこのセッティングが肝心なのです。

薬は苦いほどよく効く

内服の場合は苦く味付けしたほうがより効果があります。

「良薬は口に苦し」ということわざは、「いい薬は苦いけど我慢して飲みなさい」という意味にとられることもありますが、「苦い薬ほどよく効くという先入観に基づく心の作用で、薬は効果を強くする」という意味だと、私は思います。

内服より注射のほうがよく効く

同じ薬でも口から飲むより注射にしたほうが、効果が大きいことが証明されています。注射のほうが内服より、効果があると信じられているからでしょう。

細い注射より太い注射のほうがよく効く

同じ薬液を注射する場合でも、小さな注射器に細い針を付けて注射するより、大きな注射器に太い針を付けて注射するほうが、効果が大きいことも証明されています。注射器は大きいほうが効き目も大きいように思えるのでしょう。また、注射は痛いほうがよく効く、という先入観があるのでしょう。

高価であるほど薬はよく効く

また、手に入りにくい薬の方が、簡単に手に入る薬より、よく効くことがあります。非常に希少で、ごく一部の選ばれた患者しか使えないという薬は、それだけ患者の期待感をそそりますから、心の作用により効果が大きくなるのでしょう。

薬を手に入りにくくして患者の期待感を高める簡単な方法があります。それは値段を上げることです。非常に高価な薬、あるいはその類似物には、時に驚くべき効果を発揮することがあります。値段を上げるだけで効果も上がるのですから、業者にとってこんないいことはありません。しかし、その効果は心の作用によるものであることが多く、実体がわかってくるに従い、使う側の期待感が薄らぎ、効果もなくなっていくようです。高価な薬やその類似物にだまされないように気をつけましょう。

外科手術にも心の作用が影響する

さらに、外科手術にも心の作用は強い影響力を持っています。例えばそれは、狭心症の患者さんに行われていた、内胸動脈結さつ術という手術に関する研究でも明らかにされています。

かつて、狭心症の患者さんに、心筋への血流を増やすという目的で、内胸動脈結さつ術という手術が行われていました。胸を切り開いて行う結構大きな手術ですが、術後には良好な効果が得られていたそうです。しかし、この手術に疑問を持っていた研究者が、次のような試みをしました。

狭心症の患者さんたちに、この手術をする真似だけをして、実際には皮膚の切開以外何もしなかったのです。そして、彼らの予後を観察したのです。

すると、彼らにも、実際に内胸動脈結さつ術を受けた患者さんたちと変わりのない、良好な効果があったそうです。

つまり、内胸動脈結さつ術を受けると狭心症患者の状態がよくなったのは、手術そのものの効果ではなく、「手術をしてもらったから良くなるはずだ」という、患者さんの期待感による反応だったのです。この研究が発表された後、この手術は廃れて誰もしなくなったそうです。

このように投薬や手術などの医療行為の効果と心の働きとは、想像を絶するほど大きな関係があるのです。過去に病院で医学的な治療により治してもらったと信じている病気も、実は心の作用で自然に治っていたのかもしれません。また、現在盛んに行われている手術も将来この試験が行われると、内胸動脈結さつ術のように、廃止されるかもしれません。

期待感が治療の効果を高める

このように、期待感という心の作用は想像以上に、大きな力を発揮することがあります。ですから、医療界や患者さんの大きな期待のもとに登場した新薬や新手術は、当初は確かに効果があるのです。

しかし、それは新薬や新手術そのものに値打ちがあるのではなく、期待感による心の作用である場合が多いのです。

口内炎のミーシャにはその後同じ手を使っていませんが、同じ手を使っても次回は大きな効果は望めないと思います。パブロフの犬にもベルを鳴らすだけで餌を与えなかったら、やがてベルが鳴ってもよだれを出さなくなります。それと同じです。実のない期待感は長続きしないものなのです。

期待感が大きいと、何の変哲もないものでも何らかの効果を発揮することがあるのは、薬やサプリメントばかりではありません。身につけるアクセサリーのような物でも同じです。

例えば、スポーツ選手の運動能力を向上させるという、スパイラルテープがそのひとつです。スポーツ選手は自分の限界までからだを鍛えていますから、トレーニングだけでさらに記録を伸ばすのは困難です。ですから、身に付けるだけで運動能力が向上するというグッズに大きな期待感を持ってしまうのです。一時はマラソン選手など多くのスポーツ選手が、スパイラルテープをからだに貼り付けて競技に出場していました。確かに何らかの効果があったのでしょう。しかし、今ではほとんど見かけなくなりました。

新薬や新手術には大いなる希望と大いなる危険がある

大きく騒がれて登場した新薬や新手術が、時の経過とともに、化けの皮が剥がれて、医療界から消えてしまうことがよくあります。例えば、動物医療界ではフィラリア症予防薬としてのレバミゾールなど、人医界では抗ウィルス剤ソリブジンなどを挙げることができます。また、インターフェロンも大きな期待感と共に登場し、夢の新薬としてウィルス感染症や腫瘍の治療に盛んに使われてきました。しかし、副作用は強いし、効果も限定したものであることがわかってきて、今はすっかり落ち着いています。

動物もヒトも医療界では、「新しい」という言葉は、「いいか悪いかはっきりしていないから要注意」と同義語です。たとえ厚生労働省が認可していても、たとえ医者が強く勧めても、新薬、新治療、新手術、に飛びつくのは危険が大きいと私は思います。

動物（ヒト）の生きる目的とは？

犬が吼えるのも猫がヒトに甘えるのも、目的は同じである

動物がこの地球上に生まれ、現在生きている目的があるとすれば、その目的はただひとつ、子孫を残すことだと思います。自然界では、動物のすべての営みの中で、繁殖活動が最優先されています。

風が吹けば桶屋が儲かる、という言い回しがありますが、動物のあらゆる行為、あらゆる思考はつまるところ、子孫の繁栄という一点に収束しています。

犬が吼えるのも、猫がヒトに甘えるのも、魚が水面を跳ねるのも、鳥が空を飛ぶのも、すべて子孫繁栄のためなのです。

犬は吼えることにより、ある時は敵を威嚇し、ある時は異性を呼び、ある時は仲間に危険を知

らせて、結局はそれが、自分と自分の仲間の繁殖の成功につながるわけです。

猫はヒトに甘えることにより、ヒトから可愛がってもらい、その結果、食糧が確保でき、外敵から身を守り、結局はそれが自分の繁殖の成功につながります。

魚は水面を跳ねることにより、ある時は追ってくる外敵から逃れ、またある時は体表に付着した寄生虫を取り除き、その結果、元気になって、結局はそれが自分の繁殖の成功につながります。

鳥は空を飛ぶことにより、高いところから食糧を見つけたり、空中で獲物をつかまえたり、あるいは地上の外敵から身を守って、結局はそれが自分の繁殖の成功につながります。

子孫繁栄といっても、自分の子孫だけではありません。自分に近い遺伝子を持つ仲間の子孫を増やすのも動物が生きている目的です。例えば、働き蜂は自分自身では繁殖能を持たず、自分の仕事を遂行することによって、自分と共通の遺伝子を持っている仲間の繁殖に貢献しています。それが働き蜂の生きる目的です。

しかし、自分の子孫の繁栄と仲間の子孫の繁栄が競合するような場面になると、もちろん自分の子孫の繁栄が優先します。チンパンジーやライオンなどでみられる「子殺し」はその一例です。

動物のメスは普通授乳中には発情しません（発情とはメスがオスを受け入れることです）。授乳中に発情してさらに妊娠し出産すると、育児が手薄になり、今の子も次の子もすべて失ってしまう可能性が高くなるからです。

そこで、オスは自分の子ではない乳飲み子を殺して、その母親に授乳を止めさせて発情を誘発させることがあるのです。それが「子殺し」です。そして、授乳を止めることによって発情が来たその母親に、今度は自分の子を妊娠させるのです。自分の遺伝子を後世に伝えるために進化した行動です。

ちなみに、ヒトという動物のメスが一年中発情しているのは、つまり排卵の時期に関わらず、また妊娠中でも授乳中でも、いつでもオスを受け入れることができるのは、この子殺しを避けるために進化した能力だという説があります（『男と女の進化論』竹内久美子）。もしそうだとしたら、ヒトのメスはえらい！

動物（ヒト）がオスとメスに分かれている理由

動物の生きる目的が自分の分身を増やすだけならば、オスとメスに分かれている必要はありません。クローン繁殖で十分です。

クローンとは自分と全く同じ遺伝子配列を持っている生命体です。酵母菌が分裂するように、また、地面に付いた植物の葉から根が生えて、芽が出て、そして新たな植物が生まれるように、動物もクローン繁殖すれば自分の分身を作ることができます。

しかし、クローン繁殖では、多様性が失われてしまいます。多様性がないと、この地球の環境変化に適応できず、将来その動物は滅び去ってしまう可能性が高くなります。

例えば、同じ種類の動物でも、寒さに特に強い個体がいたり、乾燥に強い個体がいたり、大気汚染に強い個体がいたり、など気質や体質に多様性があると、環境がどんなふうに変化しても、生き残れる個体が存在する確率が高くなるということです。また、伝染病が大発生した場合や外敵が台頭してきた時にも、動物に多様性がないと、その動物は絶滅してしまう可能性が高くなります。

動物は子孫の遺伝子に多様性を持たせるために、そして、遺伝子が少しでも長くこの地球上で生き延びるために、オスとメスに分かれているのです。

動物（ヒト）は遺伝子に操られている

すべては遺伝子の戦略です。動物は遺伝子を後世に伝えるために、今生きているのです。

動物は、遺伝子が自分の複製を創るための道具である、といっても過言ではありません。動物は遺伝子に操られているのです。

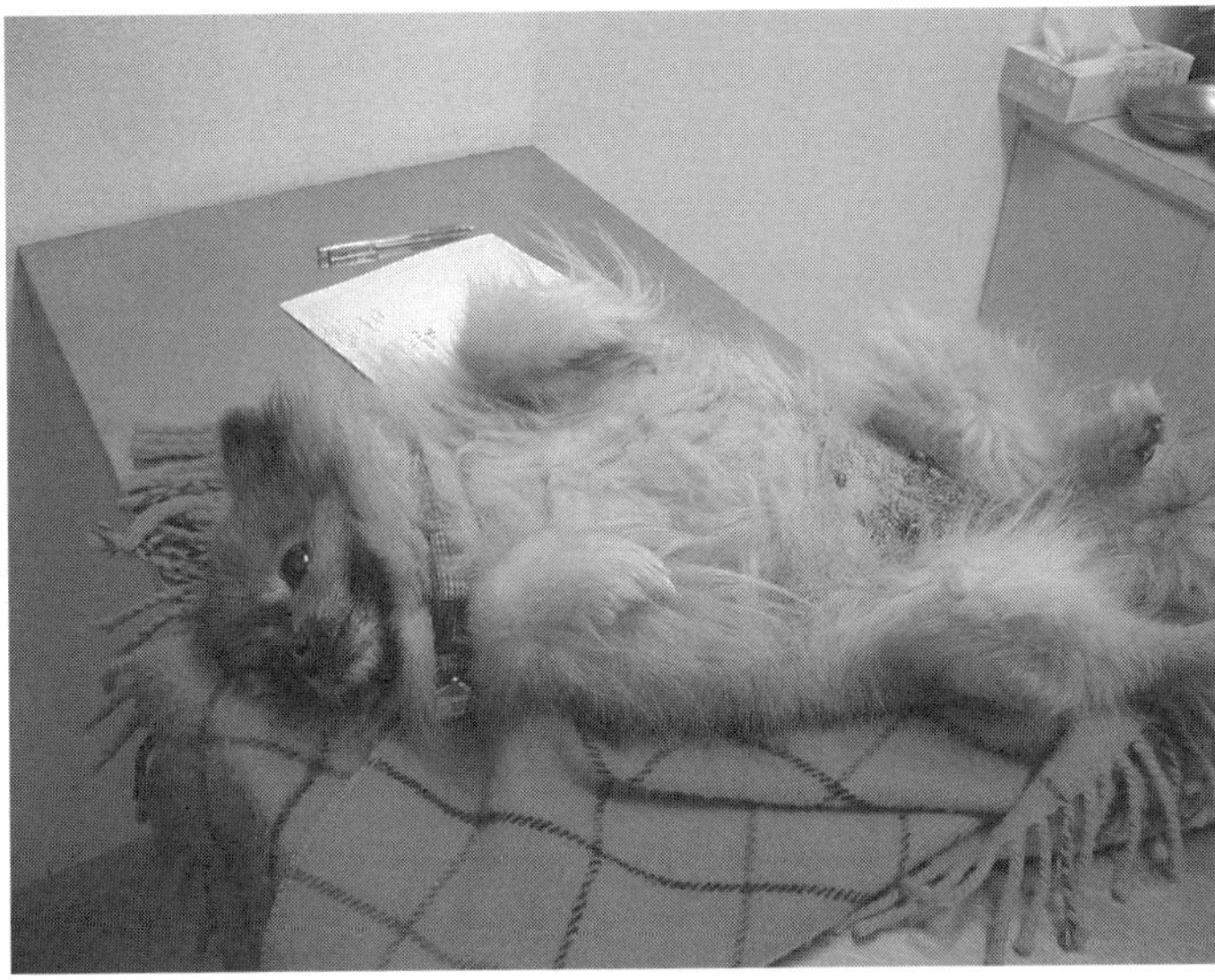

「好きにして。ワタシ、心の底からヒトを信頼しているの。」

遺伝子は動物を絶えず進化させせながら、刻々と変化している地球環境に適応させ、一世代でも長く、動物という乗り物に乗り続けようとしています。

動物の幸せとか、楽しい生活、などというセンチメンタルな考えは遺伝子にはありません。むしろ、動物が生きていくには、暑さや寒さを我慢したり、飢えを耐え忍んだり、外敵に怯えたり、順位闘争や異性獲得競争（恋）に敗れて打ちひしがれたり、どちらかというと、楽しいことよりつらいことのほうが多いように思います。

楽しくて幸せな生活と子孫繁栄とどちらをとるかという事態になると、もちろん子孫繁栄が優先されます。例えば、仲の良い幸福なファミリーでも、子どもが成長すると兄弟でも親子でも異性を奪い合って争うようになります。異性愛は肉親愛より強く、また友情にも勝るようにプログラミングされているのです。これもより環境に適応した優秀な遺伝子を後世に残すためです。

若い世代を育てるのも、動物（ヒト）の生きる目的である

子孫繁栄が動物の生きている目的ですから、繁殖を終えるとすぐに死んでしまう動物もいます。産卵を終えた鮭が生まれ故郷の川で命の幕を下ろすのはその一例です。

しかし、高等動物になると、親には子育てという仕事が発生します。生みっぱなしでは子どもが生きていけないのです。高等動物の親は、子どもが自分の力で生きていけるようになるまで、子どもを守り、養い、教育しなければなりません。それも自分の遺伝子を後世に伝えるためです。

特にヒトは他の動物たちと比べると、非常に未熟な状態で生まれ落ちてきます。ヒトの新生児は自分で歩くことはもちろん、立つこともできません。それには理由があります。

ヒトは大脳を発達させることにより、生存競争に勝ち残ってきた動物です。そのために頭が大きく発達しています。しかし、生まれてくる子どもの頭があまり大きすぎると、母親の骨盤を通過することができません。ですから、ヒトは頭がまだ小さくて、十分に発育していない未熟な状

態で生まれてくるのです。その結果、ヒトの親は、他の動物たちより長い期間子どもの面倒をみなければなりません。

動物（ヒト）が生きていくのに、目的は必要ない

動物の生きている目的は子孫の繁栄ですが、高等動物の親は年老いて繁殖能力がなくなっても、最後の子どもを一人前の動物に育て上げるまで、生きていなければなりません。基本的には動物の寿命は、生まれてから繁殖能力がなくなるまでの時間に、子育てをする時間を加えたものです。

確かに動物がこの地球上で生きている目的は子孫を残すことです。しかし、私の経験によりますと、犬も猫も、オスもメスも、避妊手術をして生殖力をなくしたほうが長生きします。生殖に関するさまざまなストレスから開放されて、心身ともに気楽に暮らせるからでしょう。

つまり、動物が生きていくのに目的など必要ないということです。はたして、万物の霊長であるヒトは例外でしょうか。人生に目的とか意義があるのでしょうか。

万物の霊長が自然に生きるのは簡単ではないようです。

ストレスに向き合おう

ハムスターもストレスで胃潰瘍になる

ハムスターを板に張り付けにして、首まで水に浸けると、そのハムスターは数時間のうちに胃潰瘍になるそうです。強い不安感というストレスが胃潰瘍の原因です。

不安感が病気の原因になるのは犬や猫でも同じです。例えば、犬や猫もペットホテルなどに預けられると、ストレス性の大腸炎になることがあります。ストレス性大腸炎の症状は血液や粘液の混じった下痢です。ペットホテルで血便をして死にそうになった犬もいますから、ストレスを軽く考えることはできません。

もっと繊細な神経の動物は、飼い主さんの家族が居間でパンフレットを見ながら、旅行の相談をしているのを聞いているだけで、落ち込んで病気になることがあります。家族が旅行する時に

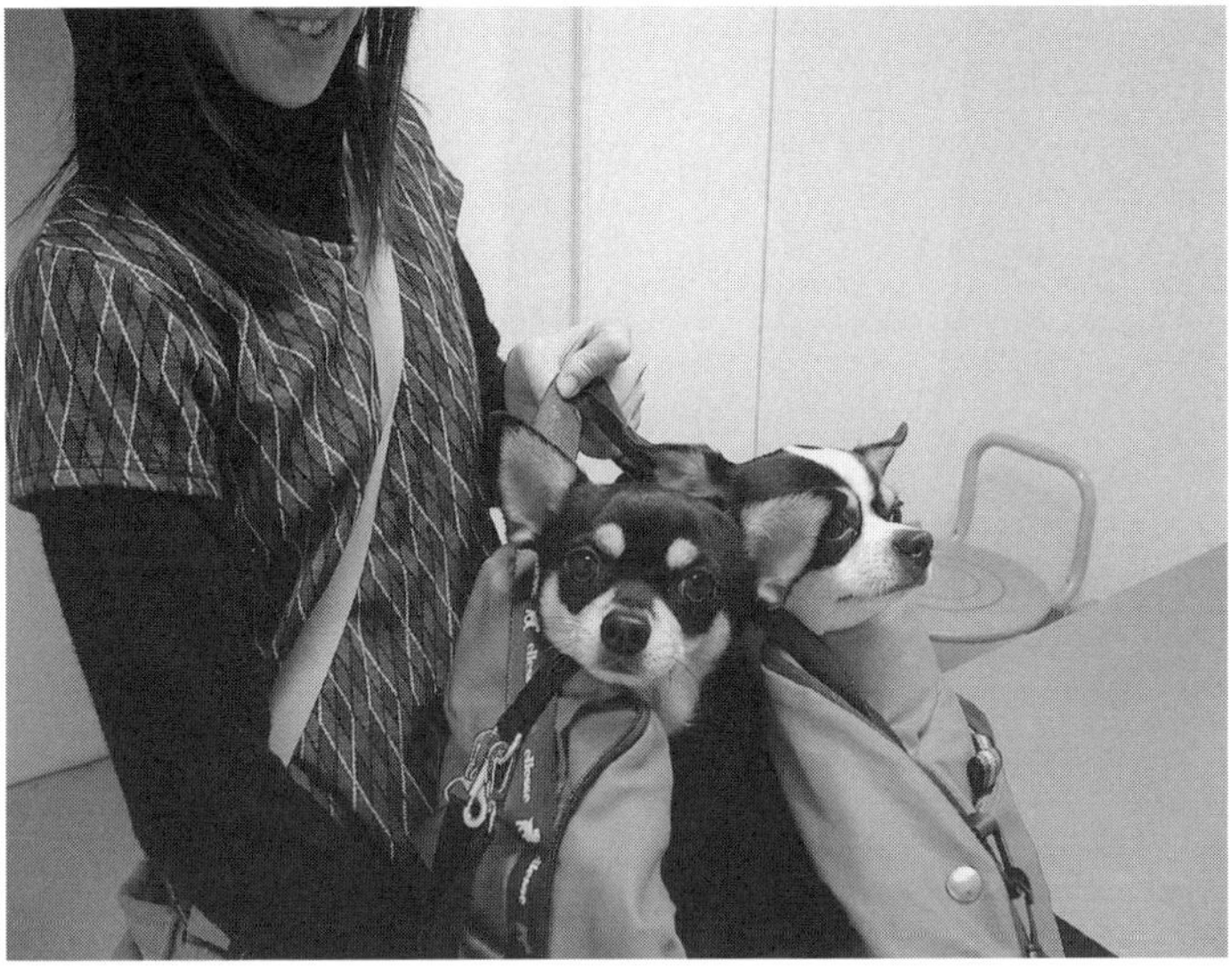

仲良きことは美しきかな。

はペットホテルに預けられて、寂しく不安な思いをしなければならないのがわかっているのです。

ストレスは確かに病気の原因になることがあります。しかし、何にストレスを感じるかはひとりひとり動物によって異なります。ストレスの原因を十把一絡げにするわけにはいきません。

例えば、飼い主さんと少しでも離れると不安感でいっぱいになる犬もいれば、その反対に、一人きりになる時間を作ってやらないとストレスがたまる犬もいます。散歩もすればいいというものではありません。ご飯より散歩が好きな「アウトドア犬」は、頻繁に外に連れ出してやらないとストレスがたまるでしょうが、家の中で一日中ごろごろしているのが好きな「お宅犬」は、外に連れ出されると逆にストレスを感じるかもしれません。

相性の悪い動物が同居すると、ストレスがたまり病気になる

動物たちにも相性があります。相性の合う動物が一緒にいると、お互いの心エネルギーが高まり、どちらの動物も病気になりにくく、元気で長生きするように思います。

私の病院で暮らしていたニャンとアカチャンという二匹の猫たちがその好例です。彼女たちはとても仲がよく、いつもお互いのからだを舐め合っていました。自分のからだを舐めている時間より、相手のからだを舐めている時間のほうが長かったくらいです。どちらもメスでしたが、夏でもピッタリくっついて寝ていました。見ていても実にほほえましいカップルでした。

二匹とも何度か膀胱炎になりましたが、他にはほとんど病気らしい病気をすることがありませんでした。しかし、さすがに寄る年波には勝てず、ニャンが一八歳と二ヶ月で眠るように老衰死しました。すると、一匹残されたアカチャンは、すっかり気落ちしてしまい、全く活気がなくなってしまいました。そして、五ヶ月後、ニャンの後を追うように逝きました。

その反対に、相性の合わない動物が一つ屋根の下で暮らしていると、大きなストレスの原因に

なり、お互いの心エネルギーが低下してしまうようです。それを示す実例もあります。

ある家庭に仲の悪い猫が二匹同居していました。二匹は一つ屋根の下に暮らしているとはいえ、近づくとけんかになるので、一匹はコタツの中、あとの一匹はタンスの上、という具合に家庭内別居状態でした。それでもストレスはたまるようです。片方の猫は自分のからだを舐めすぎて、頭部以外の毛が抜け落ちてずるむけになっていました。皮膚もところどころ真っ赤になってただれ、元気もありませんでした。

ところが、同居相手の猫が死んでいなくなると、その「ずるむけ猫」は急に元気になりました。行動が活発になったのです。その上、抜けていた毛も生えてきて、つやつやしてきました。

緊急事態がストレスを生む

動物は緊急事態に対処する機能を備えています。例えば、外敵に襲われそうになった時には、瞬時にその機能が働いて、心臓の拍動を速くすると同時に血圧を上げます。そして、全身の筋肉に大量の血液という燃料を送り込み、外敵と戦ったり、あるいは外敵から逃げたりするのを助けます。しかし、その分、胃腸や肝臓などへの血液供給は大きく制限されてしまいます。

また、緊急事態下では、ほとんどのエネルギーが差し迫っている危機に向けられるので、免疫機能など他の機能は低下します。緊急事態が長く続くとストレスになり、ストレスが病気の原因になるのはそのためです。

犬という動物にも緊急事態に対処する機能は備わっています。その機能のおかげで犬はこの地球上で、ヒトのパートナーとして何万年も生き長らえてきたのです。しかし、犬を取り巻く環境は、ヒトの生活環境の変化と共に激変しています。犬という動物に降りかかるストレスの形態も変わり、犬の世界にも逃げ場所のないストレスが増えているのです。

例えば、狭い地域に多くの犬が生活しているとか（過密）、拘束されている時間が長いとか、繁殖の相手を獲得できないとか、からだが求めているもの（好きなもの）を食べられない、などといった不自然な暮らしが犬のストレスの原因になっていると考えられます。

自然界では、外敵に襲われるなどの緊急事態は、そんなに頻繁に発生するものではありませんし、発生してもほとんど一時的であり、そう長く続くものではありません。しかし、ヒトに飼われている犬たちのストレスは頻繁に発生し、そのひとつひとつが長く続きます。緊急事態が長く持続すると免疫機能が低下し、それはあらゆる病気の原因になります。

このような避けようのない持続性のストレスが、犬の難病の原因のひとつになっていると私は推測しています。

縄文時代のヒトの緊急事態はのんびりしたものだった

もちろん、ヒトにも緊急事態に対処する機能が備わっています。しかし、犬と同様、ライフスタイルの近代化と共に、緊急事態が動物としては不自然に頻繁に、また不自然に長く続くようになっていると思われます。

ヒトという動物にとって自然な暮らしとは、縄文時代のような暮らしだと思います。縄文時代にも緊急事態は発生したでしょうが、現代の緊急事態と比べたらのんびりしたものだったはずです。ヒトという動物のからだと心は、そんな縄文時代の暮らしの中で発生するような、のんびりした緊急事態に対応した機能を備えているのです。テンポの速い現代のヒトのライフスタイルから発生する緊急事態には、まだ適切に対応できないのです。そのギャップが犬と同様にガンやアトピーや心臓病や肥満症など、現代病の原因のひとつになっているのだと思います。

ヒトという動物が新しい環境にうまく順応するには、何千世代、つまり何万年もの時間が必要なのです。しかし、縄文時代から現代までにはまだ五〇〇世代ほどしか経っていません。ですからヒトの心とからだは、今でもまだどちらかというと、縄文時代のようなのんびりした暮らしに適応しているのです。

ヒトがこの先一万年以上も現代のような暮らしを続けると、その時にはヒトという動物は、現代のようなテンポの速い暮らしから発生するストレスに、適切に対処する機能を身につけていることでしょう。

しかし今のところ、病気にならずに元気で暮らすには、長く持続するストレスを避け、のんびり暮らすように努めることが大切であると思います。

適切に対処をすればストレスはガンの原因にならない

ストレスが病気の原因のひとつであることは間違いありません。しかし、昨今、なんでもかんでも、病気をストレスのせいにしてしまう傾向が強すぎるように思います。

ストレスとガンに関して次のような研究報告があります。

「多数のラットに人工的に培養したガン細胞を注入すると、三七パーセントのラットにガンが発生した。残りの六三パーセントのラットは免疫力がガン細胞を封じ込めることに成功し、ガンが発生しなかった。

次に、ラットにガン細胞を注入した後、電気ショックというストレスを与えた。すると、ガンの発生率はほぼ二倍の七三パーセントに上昇した。

しかし、ガン細胞を注入した後、同じように電気ショックを与えるのだが、ラットに避難する場所を用意してやると、ガンの発生率はほとんど三七パーセントのままで上がらなかった」

この研究報告を解釈すると、ラットのガン発生率が三七パーセントから七三パーセントに上昇したのは、電気ショックというストレスのせいではなく、ストレスが発生した時に解決する方法がないという状況のせいだった、ということになります。

適切な対処のできないストレスはガンの原因になります。しかし、適切に対処すれば、ストレスはガンの原因にならないということです。

ストレスはごまかさずに解決するべし

酒を飲んだり、スポーツをしたりすればストレスが解消するでしょうか。いや、酒やスポーツはストレスの解消でも対処でもなく、ごまかしにすぎません。ガン細胞を注入し電気ショックを与えたラットに、酒を飲ませたり、運動をさせたりしても、ガンの発生率が大きく下がるとは思えません。ストレスの原因に真正面から向き合い、根本的に解決する努力をしなければなりません。

ストレスの原因を解決するには時間もかかるし経費もかかります。努力とお金を惜しんでいては、ストレスを減らすことはできないということです。かといって、何とかしてストレスを根本的に解決しなければならないと思いつめすぎると、こんどはそれがストレスの原因になるかもしれません。

ストレスを楽しむ

健康な野生動物にも心エネルギーが低下しない程度のストレスはあります。ストレスが全くない暮らしは不自然な暮らしであり、不自然な暮らしは病気の原因になります。したがって、ストレスが全くないと、動物はそれが原因で病気になるかもしれません。ストレスは多すぎても少なすぎてもいけないのです。

結局、現代を生きる動物やヒトが元気で長生きするためには、まず第一に、心エネルギーが低下するような強いストレスや長く持続するストレスは避けることです。

次に、もしそんなストレスがあるのならば、ストレスから逃げるのではなく、また他のことで発散するのでもなく、ストレスの原因を解決するように努力をすることです。

そして、多少のストレスがあっても、それを人生に刺激を与えてくれるスパイスとしてとらえ、そのストレスを楽しもうとするくらいの、心の余裕を持つことも大切であると思います。

短いストレスは人生のスパイスだ。ストレスを楽しもう！

いい薬と悪い薬を見分ける方法はあるか？

飲んだら風邪が治った玉子酒

「風邪を引いたときに玉子酒を飲んだら治った。だから風邪には玉子酒を飲むのがよい」

「熱いお風呂に入ったら風邪が治った。だから風邪には熱いお風呂に入るのがよい」

「イワシの頭を拝んだら風邪が治った。だから風邪にはイワシの頭を拝むのがよい」

などと必ずしも言えないのは明らかです。しかし、世間にはこの論法でまかり通っている「いい薬」や「いいサプリメント」がたくさんあります。

この論法は、特に難病で苦しんでいる動物の飼い主さんに強い説得力があるようです。例えば、次のような話をよく耳にします。

「Aという薬を飲んだらガンが治った猫がいる。だからAはガンの特効薬である」

「Bというサプリメントを食べさせたらアトピーが治った犬がいる。だからBはアトピーによく効く」

そして、そういう薬やサプリメントは、私の知る限りほとんどのものが非常に高価です。

しかし、よく考えてみると、これは「イワシの頭を拝んだら風邪が治った」という論法と全く同じであることに気がつくはずです。

手に入りにくい薬ほどよく効く

手に入りにくい薬やサプリメントほど使う側の期待感を高めます。それがヒトの心理です。動物の場合は飼い主さんの期待感が伝わります。そして、期待感が高まると、たとえそれがただの砂糖や小麦粉であっても、心の作用により実際に病気を治す効果を発揮することがあります。例えば、非常に高価であるとか、あるいは、誰にでも使える薬ではなく、量に限りがあるので使うには厳重な条件を満たしている必要があるとか、とにかく手に入りにくい薬ほど効くのです。

また、「そんなすごい貴重な薬を使ってもらえる自分は選ばれた人間である」と心から信じているヒトほど、言葉を変えれば、疑うことを知らない純粋なヒトほど、薬は効きやすいともいえます。

それを実証する例を私は自分の子どもで経験しています。

抜群の効果を発揮したにせ薬

私の娘は小さい時に乗り物酔いをしていました。特にバスに弱かったのです。一度バスにひどく酔ってからは、バスに乗ることに恐怖心さえ抱いていました。そのために小学校の遠足で日帰りバス旅行が予定されていると、また酔うのではないかと前の日から不安で一杯になっていました。そこで私は一計を案じました。遠足の日の朝、ブドウ糖の粉末を上等な薬のように包装して娘に渡し、

「これは普通の薬屋さんには売っていない貴重な薬だ。とても高価なものだが、お父さんがおまえのために苦労してやっと手にいれた。これを飲んだら絶対に車に酔うことがない。いや車に酔いたくても酔えない」という意味のことを言って娘に飲ませたのです。

はたしてその効果は絶大でした。その日の夕方、遠足から帰ってきた娘は、

「お父さんほんとやね。あの薬飲んだら全然酔えへんかった。バスの一番後ろの席は一番揺れるから大嫌いやのに、今日は一番後ろの席でも酔えへんかった。バスが上下に揺れる時にからだがふわーっと宙に浮くのが気持ちよかったくらいや」

と大喜びでした。

あのブドウ糖の乗り物酔い止め薬は、その後も娘がサンタクロースの存在を心から信じている間は、バスに乗る度に効果を発揮していました。しかし、娘の成長と共に化けの皮が剥がれて、やがて効かなくなりました。

信じるヒトは効きやすい

絶対に効果があると心から信じているヒトには、薬やサプリメントは一時的に効くのです。ヒトを信じさせるにはいろいろな方法があります。知的好奇心の強いヒトは、難しい専門用語や学術データを使った説得に弱いようです。また、権威に弱いヒトには、大学のえらい教授の話を引用すると効果があるかもしれません。

私にも豪華なホテルで行われた製薬会社主催の新薬説明会に出席した経験がありますが、スライドを駆使した外国人講師の講演を聞くうちに、主催者側に完全に説得されていました。そして、説明会の翌日には迷わずその新薬を発注しました。

どうやって見分けるのか

世の中には非常に多くの薬が出回っています。その中にはもちろん値打ちのある薬もあります。

しかし、海に投げ捨てたほうがいいような薬もあると思います（お魚さんが迷惑しますが）。また、値打ちのある薬も使い方によっては、値打ちのない薬になることがあります。

それでは、値打ちのある薬と値打ちのない薬を見分ける方法はあるのでしょうか。

ひとつあります。ある試験をして見分けるのです。それは「無作為化二重盲検比較試験」と呼ばれています。この方法を使って、風邪で熱のある子どもに、解熱剤がいい薬かどうかを調査した次のような試験結果が報告されています。

まず、風邪で三八度五分以上の熱がある子どもたちを、くじ引きで無作為にAとBのふたつのグループに分けます。無作為とは性別や人種など、すべての要因を一切考慮しないということです。そして、Aグループの子どもたちには解熱剤を飲ませます。Bグループの子どもたちには外見や味は解熱剤と同じだが、活性のない小麦粉のようなものを飲ませます。子どもがどちらのグループに入っているのか親も本人も知りませんし、処方した医者も知りません。調査を仕切っている試験官だけが知っています。これが二重盲検という言葉の由来です。

そして、次の日から毎日体温を測って、AとB両グループの子どもたちの熱が、平熱に戻るまでの日数を比べるのです。

薬を飲んだグループと、薬を飲まなかったグループとを比べる方法では不十分です。「薬を飲んだ」という心の作用で熱が下がることがあるので、実際に薬が効いたのか、それとも心の作用で熱が下がったのか区別がつかないからです。そのために対照として、小麦粉のようなにせ薬を飲ませて、薬の効果と比べるのです。

どちらを飲んだか親や本人だけではなく、医者にも知らせないのも同じ理由です。どちらが本当の薬かを医者が知っていると、それが医者の言動や態度に出て、薬の効果に影響を及ぼす可能性があるからです（62頁「心の力はこんなにすごい！」の項参照）。

このリサーチによると、解熱剤を飲んだ子どもたちの方が、活性のないものを飲んだ子どもたちより、平熱に戻る日数が長かったそうです。解熱剤を飲んだグループの子どもたちは、一旦熱が下がったものの、後でぶり返して結局は病気が長引いたのです。解熱剤が自然に治る力を妨げてしまったということです。

この無作為化二重盲検比較試験により、風邪に対して解熱剤はいい薬ではないことが証明されたわけです。

症状を止める薬は病気を治す薬ではない

発熱しているときに熱を下げる効果のある薬はいい薬である、というわけではありません。もともとの病気が治り元気にならなければ意味がありません。下痢止めも咳止めも同じです。抗がん剤も同様です。抗ガン剤の目的はガンを小さくすることではなく、元気で長生きすることにあるはずです。ガンが小さくなっても、寿命が縮んだら元も子もありません。

手術も薬と同じように無作為化二重盲検比較試験により、いい手術と悪い手術を見分けることができます。狭心症に対する内胸動脈結さつ術という手術が、いい手術かどうかを判断するために、この手法が使われています（62頁「心の力はこんなにすごい！」の項参照）。薬の場合と同じ理由により、手術を受けたグループと受けなかったグループを比べるだけでは不十分です。

「手術を受けたらガンが治った」という話も「玉子酒を飲んだら風邪が治った」と同じかもしれません。ガンの摘出手術がいい手術かどうかは、実際に手術を受けたグループと、手術の真似だけをして実際は何もしなかったグループを追跡調査し、総死亡率を比べる必要があります。比べるのはガンによる死亡率ではなく、すべての原因を含んだ総死亡率です。手術でガンが治っても、手術の影響によって、ガンを放置していた場合より早く死んだのでは何にもならないからです。

ガンなどの病変をなくす手術が、必ずしも病気を治す手術ではないのです。風邪の熱を下げる薬がいい薬ではないのと同じです。

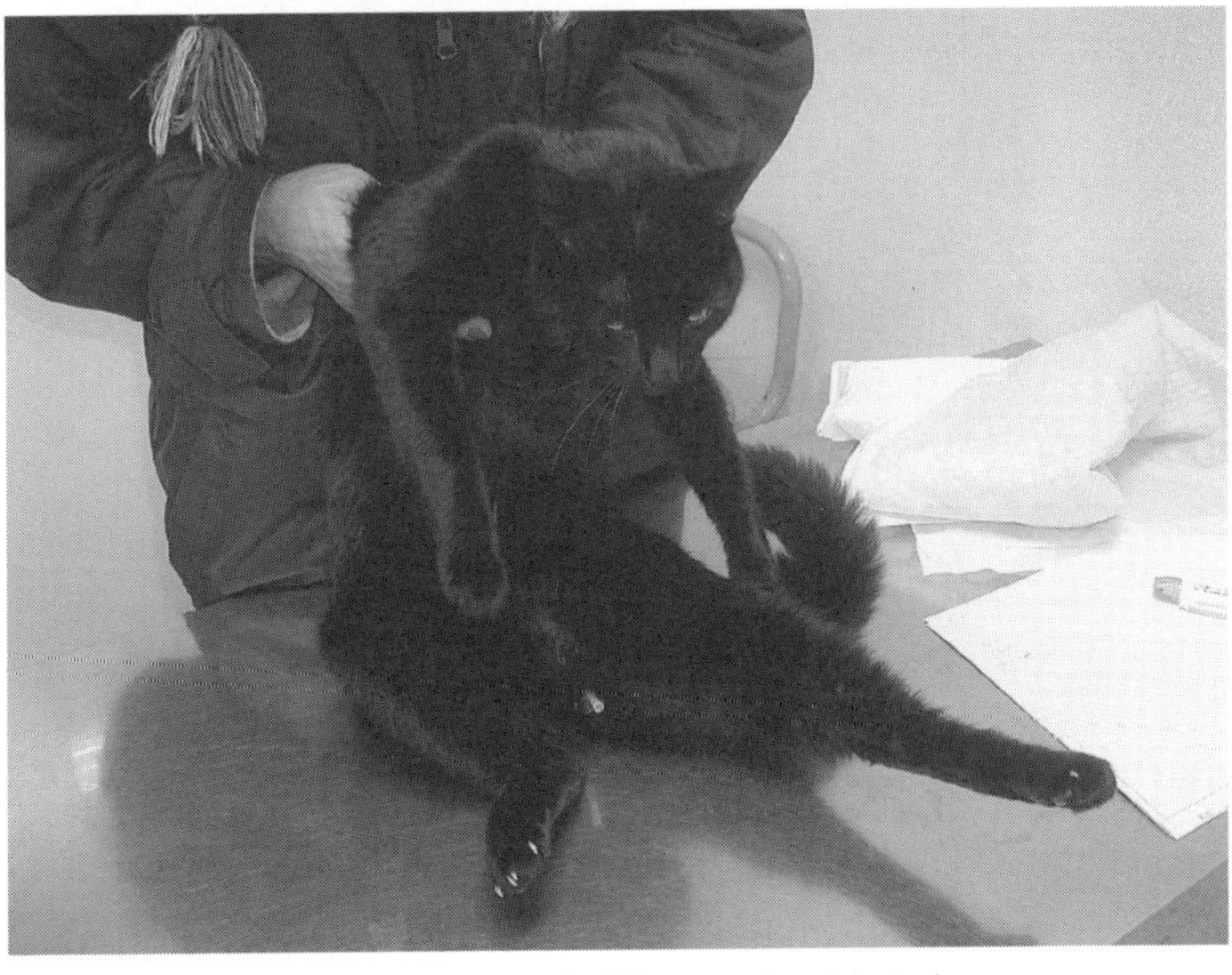

上　「ワタシ、歯槽膿漏で右眼の下に穴が開いてしまいました。」
下　「ボクは尿道カテーテルでおしっこを出してもらいました。ああ、すっとした。」

医療はギャンブルである

ＥＢＭ（Evidence-Based Medicine）、つまり根拠のある医療とは、無作為化二重盲検比較試験で価値のあることが確かめられている医療行為のことです。すべての医療行為が無作為化二重盲検比較試験によりふるいをかけられたら、医療被害は大幅に減少するでしょう。しかし、この試験をすべての医療行為で実際に行うのはかなり困難です。

現実にはいい薬と悪い薬を見分けるのや、いい手術と悪い手術を見分けるのは、簡単ではありません。医者に薬や手術を勧められたら、それを勧める根拠を確かめる必要があるでしょう。もしその薬や手術の有効性が、無作為化二重盲検比較試験によって確かめられているのであれば、それは「確率的には」値打ちのある医療行為であると言えると思います。

しかしそれでも、あくまでいい結果が出る確率が高いという意味であり、絶対にいいという保証があるわけではありません。無作為化二重盲検比較試験で有効性が確かめられている医療行為であっても、その医療行為を受けるのにはどうしても賭けの部分があるのです。それが医療の限界です。

薬の副作用死は交通事故死より多い

サンタクロースの存在を心から信じているような純粋なヒトは幸いです。玉子酒を飲んだりイワシの頭を拝んだりすることによって、病気が治るかもしれないからです。

その上、玉子酒を飲むことや、イワシの頭を拝むという行為には、たとえ効果がなくても大した害がありません。しかし、薬には必ず副作用という害があります。

ヒトの世界では毎年交通事故で亡くなるヒトより、薬の副作用で亡くなるヒトのほうが圧倒的に多いそうです。トロント大学のブルース・ポメランズ氏はアメリカでの死亡原因の第四位が薬の副作用死だと報告しています。これは正しく処方された薬による副作用死であって、過剰投与など人為ミスは除外されています（中日新聞　一九九八年　四月一五日）。ちなみに、アメリカの死亡原因の第一位は心臓病、第二位はガン、第三位は脳血管障害です。この次に薬の副作用死が入っているわけです。

動物（ヒト）はなぜ病気になるのか？

病気の原因①　遺伝子

動物が病気になる原因は三つあると思います。そのひとつは遺伝です。

病気の中には生まれた時からＤＮＡにプログラミングされているものがあります。コリー犬の眼のブドウ膜炎とか、ラブラドールレトリーバーの股関節形成不全、小型犬の膝蓋骨脱臼、ヒトの血友病などがこれにあたります。

生存に大きな不利をもたらす遺伝子異常ならば、長い進化の過程で消滅するはずですが、生殖年齢に達し子孫を残してから発症するような病気ならば、自然淘汰を受けないで残ってしまいます。

また、犬の場合はヒトが繁殖にかかわりますから、自然界では存続しえないような遺伝子異常でも、人工的な交配によって、後世に受け継がれてしまうことがあります。

病気の原因②　不自然な生活①――養鶏場の場合

二つめの病気の原因は不自然な生活にあると思います。

それを証明するこんな実例をご紹介しましょう。鳥類の病気の専門家である獣医学科の同級生の一人から聞いた、養鶏に関する話です。

養鶏場では限られた空間の中で、何万羽という鳥を飼っていますから、伝染病つまり感染症対策が大きな課題です。ウィルスや細菌による胃腸炎や肺炎が、養鶏というビジネスに大きな被害をもたらすことが少なくないのです。そのため、養鶏場の職員は施設に入る前に全身を洗浄し、菌を持ち込まないように努めていますし、鳥にもワクチンを接種して、感染症の予防には万全を期しています。それでも感染症は発生します。業者は約八パーセントのロス率はやむをえないものとして覚悟しているといいます。

しかし、阪神大震災の直後、地震で施設が破壊されたために、収容している鳥の数が半分になってしまった養鶏場を調査すると、ロス率は半減どころか激減して、ゼロに近くなったというのです。

これはどういうことでしょうか。施設が壊れたので細菌やウィルスが侵入する危険は増えたはずです。しかし、感染症は激減したのです。実は、養鶏場で発生する細菌性胃腸炎やウィルス性肺炎など感染症の真の原因は、細菌やウィルスにあるのではなく、狭い空間に多くの鳥が閉じ込められているという生活環境にあったのです。鳥として不自然な生活が細菌やウィルスに病原性を与えてしまった、ともいえるのではないでしょうか。

それならば、感染症予防対策として、鳥の飼育密度を下げればよさそうなものですが、養鶏場の鳥の数を半分に減らすと、たとえロス率が下がってもビジネスとしては競争力を失ってしまうのだそうです。

次のような有名な話もあります。コッホによるコレラ菌の存在がまだ認知されていなかった一九世紀末、ベッテンコーファーという研究者が、「コレラという病気はコレラ菌が原因ではない。私はそれを証明してみせる」と宣言して、並み居る研究者仲間の前でコレラ菌の培養液を飲み干したのです。しかし、彼は当時七四歳という高齢であったにもかかわらず、下痢症状を呈しただけで中毒には至らなかったそうです。

そもそも、細菌やウィルスを悪者扱いしすぎることに問題があると思います。動物の体表面や腸内には各種の細菌が常時住んでいて、我々は彼らの助けなしには生きていけないのです。

また、ウィルスは、我々のからだを構成しているすべての細胞の、DNAの中にも遺伝子そのものとして潜んでいるのです。つまり、ウィルスは我々動物のからだの一部でもあるのです（『ウィルスは敵か味方か』畑中正一)。

病気の原因②　不自然な生活②——ヒトの結核の場合

ヒトの結核に関しても同様です。

結核はかつて長い間日本人の死因の上位を占めていました。しかし、現在では結核による死亡率は激減しています。はたしてそれは、あの有名な結核の特効薬であるストレプトマイシンという抗生物質のお陰でしょうか。

いいえ、必ずしもそうではありません。

結核による日本人の死亡率を、過去から現在まで折れ線グラフで表すと、それまで高い位置にあった折れ線が、一九四〇年頃から右下がりに転じ始めています。そして、年々ほとんど同じようなペースで下がり続けて、現在の低いレベルに至っています。

ところが、ストレプトマイシンが発見されて結核患者に使われだしたのは、一九五〇年頃のことなのです。つまり、結核という病気の死亡率は、ストレプトマイシンが出現する一〇年も前に、すでに減り始めていたのです。抗生物質が使われだしてから、急に下がり始めたのではないのです。

結核の死亡率が下がり始めた理由は、おそらく一九四〇年頃を起点として、栄養の向上、労働条件の向上、人口が集中している都市部での公衆衛生の向上など、それまで苛酷だったヒトという動物の生活が、より穏やかなものになり始めたからだと思います。少なくとも医学の力によって結核の死亡率が下がったのではないのです。

病気は自然と調和するための学習である

動物は地球上のいろいろな環境に適応して生きています。その適応力には眼を見張るものがあります。雨のめったに降らない砂漠でも、何千メートルもの深海にも、極寒の地にも、動物は巧みに自然と調和して生息しています。

動物の生活が自然環境と調和していると、動物は簡単に病気になるものではありません。そして、もし自然環境が永遠に変わらないのであれば、動物は長年の自然淘汰により、環境に完璧に調和した機能を獲得し、その機能は遺伝によって親から子に、子から孫にと伝えられていくでしょう。

しかし、地球の自然環境は刻々と変化しています。気温や湿度などの気象、大気組成、宇宙から降り注ぐ放射線量、などは決して一定ではないのです。また、このような地球環境の変化に伴い、動物と共に生活している微生物や植物などの生物たちも変化しています。言葉を変えればすべての生物は常に進化しているのです。

例えば最近では、本来は猫だけに感染して病気を引き起こしていたパルボウィルスが、犬に病原性を持つように進化したことがあります。また、ヒトのインフルエンザウィルスは、本来鳥に感染するウィルスであったものが、ヒトに感染するよう進化したものだと考えられています。ついでながら、このヒトインフルエンザウィルスは非常に進化のスピードが早くて、ワクチンの開発がその変化についていけないといわれています。

自然環境や共に暮らしている生物たちが絶えず変化しているために、親の世代と子の世代では、動物を取り巻いている環境が異なるのです。そのため動物は自分を取り巻いている環境と調和して生きる機能を、親から受け継ぐことはできません。親の免疫をそのままもらっても、子どもは病気から免れることはできないのです。生まれてから自分自身を修正して、新しい環境に適応しなければならないのです。

ここに病気の意義が発生します。

動物は環境と完全には調和していない状態で生まれてきます。そして、それが元で病気になります。しかし、動物には自然治癒力が備わっており、やがてその病気から回復します。

このような病気の罹患と治癒、この一連の経過は動物にとって一種の学習といっていいでしょう。動物はこの学習を繰り返すことによって、徐々に新しい環境と調和していくのです。

自然と調和するには時間がかかる

ところが、人類は自らの手で大きく生活環境を変え、また地球環境をも変えてしまう力を持つようになってしまいました。その環境変化の速さは、何十億年という長い長い地球の歴史や、何百万年という人類の歴史と比べると、あまりにも急激です。そのため、ヒトの適応力が生活環境の変化の速さについていけないのです。

緩やかな環境変化ならば、ヒトは病気になり、そして病気から回復するという学習によって、一代でも適応することができます。しかし、大きな環境の変化にうまく調和して生きていくには、何世代もの長い時間が必要なのです。

近年の人為的な環境変化の速さと大きさを考慮すると、どうやら我々ヒトのからだと心は、現在の環境には適応しきれずに、まだ何世代も前の環境に適応している状態なのかもしれません。

自然と調和していると病気にならない

例えば日本人の場合は、ゆったりした自然環境の中で、隙間だらけの家に住み、競争のあまり激しくない社会で、車に乗らずよく歩き、季節季節の旬の食べ物を食べ、抗生物質を乱用しないで、他の生物たちと共に触れ合いながら、適度に不潔な環境で微生物や寄生虫たちとも仲良く暮らすように、ＤＮＡにプログラミングされているヒトが多いのだと思います。

そういえば、ペットを飼っている家庭で生まれ育った子どもや、大家族の子ども、あるいは幼くして保育所に預けられた子どもは、その他の子どもよりアトピーになりにくいというデータがあります。

また、東西ドイツが統一されてから調査をしたところによると、アトピーの発生率は、環境衛生対策や大気汚染対策の進んでいない（より不潔な）旧東ドイツの方が、旧西ドイツより低かったそうです。旧東ドイツ人も旧西ドイツ人も、もともとは同一民族であり遺伝的素因に違いがあるとはいえないので、この違いは環境によるものだと考えられます。

子どものアトピーの発生を予防するには清潔な環境で育てるより、多少不潔な環境で育てたほうがいいようです。

寄生虫が体内にいるとアレルギーを防いでくれる、と主張している研究者（『フシギな寄生虫』藤田紘一郎）もいます。それを示す例として、野生の猿たちに一斉に駆虫剤を飲ませたら、翌年彼らに花粉症が大発生したという事実があるそうです。動物には多少の寄生虫がいるほうがむしろ自然なのかもしれません。

食生活に関しても同様です。

自然と調和した食生活が、動物にとって病気にならない食生活です（127頁「健康食とは何か？」の項参照）。犬や猫は何万年もの間ヒトと共に暮らしています。彼らはもはや野生で生きるのではなく、ヒトと共に生きるのが自然だと言っていいでしょう。本来は肉食動物なのでしょうが、今ではすっかり食生活も人間化しています。彼らは何万世代もほとんどヒトと同じ物を食べてきたのです。

しかし、乾燥ドッグフードはまだ地球上に現れてから数十年しか経っていません。ですから、乾燥ドッグフードは、犬にとってはまだ適応できていない不自然な食品である可能性があります。今後何世代も犬が乾燥ドッグフードだけを食べ続けたら、その時には、犬は乾燥ドッグフードを食べるのが自然な動物になるのかもしれません。猫も同じだと思います。

動物もヒトも不自然な生活は病気の原因になります。ですから、もし病気になってしまったら生活の内容を見直すことが絶対に必要です。特に、治りにくい病気や慢性の病気を得たならば、何世代も前の生活をイメージして、自分の生活の中身を変えてみる必要があると思います。ただし、結核の死亡率が示すように、昔の生活には危険もはらんでいますから、見極めが必要です。

例えば、ただ不潔であればいいというわけではありません。過ぎたるは及ばざるが如しです。

病気の原因③　心エネルギーの低下

三つめの病気の原因は心エネルギーの低下にあると思います。

いかに完璧にできている独楽《コマ》でも、エネルギーがなければ回ることができません。動物も同じです。心エネルギーがなければふらついて倒れてしまいます。動物が元気で活動するには心エネルギーレベルを高い状態に維持している必要があるのです。心エネルギーレベルが低下してしまう原因はストレスです。それも、強くて長く持続し、なおかつ解決することのできないストレスです。

不安、絶望、不仲、嫉妬は病気の原因になる

うちの病院では時々動物たちを預かることがあります。飼い主さんから離れて不慣れな病院のケージに入れられると、動物たちは相当なストレスを感じるようです。自分の置かれている状況が理解できずに、不安感と絶望感で心が一杯になるのでしょう。他人に預けられたというストレスで出血性大腸炎になって、血便をすることも珍しくありません（78頁「ストレスに向き合おう」

の項参照)。

不仲も病気の原因になります。

相性の悪い猫が二匹一緒に飼われていると病気になることがあります(同)。

また、家人からきつくしかられると持病の皮膚病が悪化する猫もいます。

しかられたというストレスで患部を激しく舐めてしまうのです。動物は舌で舐めて傷を治すといいますが、実際は舐めすぎると皮膚がただれてしまいます。舐性皮膚炎という病名があるほどです。猫は犬とは違ってマイペースで生きているように見えますが、猫もきつくしかられると絶望を感じるほど落ち込むのです。

大脳が特別に発達しているヒトという動物の場合には、若い頃からの夢をあきらめたり、自分には向いていないと考えている仕事を長年続けていたりすると、絶望を感じて心エネルギーが低下するでしょう。

嫉妬心も病気の原因になります。

子どもさんのいない家庭で、まるで実の子どものように大切にされている犬がいました。しかし、そのご夫婦に、結婚一〇年目にして初めての子どもさんが生まれたのです。

すると、飼い主さんの愛情が一気に、自分から赤ちゃんに移ってしまったと感じたのか、その犬はすっかりしょげてしまいました。そして、まず消化器系に異常が発生しました。食欲が落ち、下痢をするようになったのです。それから次に、仮病を使うようになりました。なんとか飼い主さんの気を引こうとして、いかにも痛そうに大げさに足を引きずるのです。しかし、飼い主さんが驚いて病院に連れてくると、診察室では治っていて普通に歩けるのです。ところが、家に帰るとまた片足を上げて歩くのです。

ついにその犬は、すっかり別犬のように痩せこけてしまいました。嫉妬心も心エネルギーを下げる方向に作用するようです。

解決できないストレスはガンの原因になるかもしれない

犬の乳ガンを例にとりましょう。メス犬には乳ガンが多発する傾向があります。一説によると、メス犬の乳ガン発生率は二〇パーセントにもなるといいます。ところが、若いうちに避妊手術をして、卵巣を切除しておくと、乳ガン発生率は〇・五パーセントに下がるそうです。

正確な数字はともかく、避妊手術を受けると乳ガンの発生率が下がるのは事実です。

この事実に対して、乳ガン発生と卵巣ホルモンには大きな関係がある、と物質的な解釈をするのが一般的です。

一方、心の観点から解釈すると次のようになります。

メス犬は発情期になるとフェロモンを発散してオス犬を惹きつけます。また、自分自身もオス犬を求めて、オス犬のところに行きたがります。それが自然ですし、子孫を残すことこそ動物が生まれてきた目的なので、当然といえば当然の行動です。

しかし、ヒトに管理されている犬たちは、本能のおもむくままに行動することはできません。ヒトに拘束されているために、妊娠して遺伝子を後世に伝えたいという、動物の根源的な欲求が満たされないのです。その強い欲求不満が心エネルギーの低下につながり、乳ガンなど生殖器系のガンの原因になるというわけです。78頁「ストレスに向き合おう」の項で紹介したラットの場合と同様に、解決できないストレスはガンの原因になるのです。

避妊手術を受けると長生きする理由

そういえば、避妊手術を受けた犬は、避妊手術を受けない犬より長生きするように思います。避妊手術を受けると生殖器系の病気がなくなるとはいえ、犬が生殖器系の病気で死ぬことはあまり多くないので、避妊手術を受けた犬が長生きするのには別の理由があるはずです。おそらく、その理由は精神的に気楽になるからでしょう。

避妊手術ではメスでは卵巣を、オスでは精巣を切除します。その結果、当然ながら性ホルモンがほとんど分泌されなくなり、生殖に関する欲求が減少します。つまり性的欲求不満が減少するのです。

欲求不満は何が原因であれ長く続くと心エネルギーが低下します。そして、心エネルギーの低下は病気の大きな原因のひとつです。

つまり、避妊手術を受けると性的欲求不満が減少し、その分精神的に気楽に暮らせるようになる、だから心エネルギーが低下しない、その結果、乳ガン以外の病気にもかかりにくくて長生きできる、ということではないでしょうか。

避妊手術は不自然極まりない行為ではありますが、拘束されて繁殖行動を抑制されるよりはましなのでしょう。動物にとって繁殖行動を抑制されることは、相当大きな心エネルギーの低下をもたらす原因になるようです。

しかし、避妊手術を受けた犬たちより長生きしている犬たちがいます。それはオス犬とメス犬が同居していて、メス犬が自然に妊娠、出産を繰り返している仲良し夫婦犬です。彼らの生活が一番自然に近いからでしょう。生殖に関しても、動物として自然な暮らしをしていると病気になりにくく、動物として不自然な暮らしをすると病気になってしまうのです。

あるマルチーズ犬は、半年に一回出産し、生涯に六〇匹以上の子孫を残しました。メス犬にとって妊娠、出産、授乳には大変な体力とエネルギーが必要だと思うのですが、彼女はほとんど病気らしい病気もせず、犬の平均寿命より二年ほど長い、一五歳まで元気でいました。彼女のパートナーであるオスのマルチーズ犬も、一六歳まで生きました。

また、ブリーダー（繁殖家）さんに飼われていて、ビジネスとして繁殖に使われているメス犬も、一生にたくさんの子を産みますが、みんな長生きしているように思います。

メス犬は、妊娠、出産、授乳（授乳中は発情休止）、そして授乳が終わるとまた妊娠、出産、と繁殖行動を一生繰り返すのが一番自然のようです。そうすれば乳ガンだけではなく、他の病気にもなりにくいように思います。ヒトも同じだと私は推測します。

心エネルギーを高める暮らし

笑うと免疫力が高まり、気が滅入ると免疫力が衰える、これは医学的にも証明されています。笑いを治療に取り入れて自分の難病を克服した方もいます（『笑いと治癒力』ノーマン・カズンズ）。笑うと心エネルギーが高まり、気が滅入ると心エネルギーが低下するのです。

動物の例をみていると、心エネルギーが低下すると、免疫機能が衰えて病気にかかりやすくなるだけではなく、生命活動そのものが低下して、それが直接病気の原因になったり、老化を促進したりしているように思います。ヒトの愛情を受けることのない孤独な犬や猫は、概して病気に弱く短命です。

病気になりたくなければ、心エネルギーを低下させないようにすることです。そのためには不安感とか絶望感とか嫉妬心を持たないようにすることです。

できることから始めましょう。私はそのひとつとして、定期検診を受けないことをお勧めします。人間ドック（犬の場合はワンドック、猫の場合はニャンドックというらしい）や脳ドックなどには入らないということです。定期検診は不安の原因を作ることになります（162頁「知っていますか？　定期検診の危険性」の項参照）。

希望を持つことは大切です。希望がなければ病気からの回復はおろか未来もありません。動物の場合でも、飼い主さんから「今日は昨日よりよくなっているね」と毎日励ましてもらっていると病気が治りやすく、孤独な動物の病気は治りにくいものです。

一時的な怒りはいいでしょう。怒りと病気とは、大きな関係があるようには思えません。怒りっぽい犬でも、飼い主さんからベタベタに可愛がってもらえると長生きするものです。しかし、一時的な怒りではなく、始終怒ってばかりいて仲間とうまくやっていけないようでは、心エネルギーが低下して、病気になって早死するかもしれません。仲間とうまくやっていけないと子孫繁栄には不適であり、子孫繁栄に不適な気質を持った動物は自然淘汰される、これは自然の摂理です。過剰な欲求不満は解消するように努めましょう。何事につけ、無意識の欲求に素直に応えた暮らしをするように心がけることです。しかし、ある程度我慢することは大切だと思います。我慢は大きな喜びを得るための演出です。我慢なくして感動はありません。そして喜びと感動は心エネルギーの大きな源です。

動物が生きているのは自然の営み、死ぬのも自然の営み

我々動物は高尚な目的をもって生まれてきたわけではありません。自分の複製を後世に残すことだけに熱心な遺伝子に、身も心も振り回されているのです。動物は所詮遺伝子の乗り物みたいなものなのです。そして、その遺伝子はヒトも、犬も、猫も、スズメも、カエルも、ゴキブリも、植物も、大腸菌も、基本的には全く同じものです。

生きていることに意義を求める必要はありません。動物は生きているだけですばらしいのです。動物は息絶えると見る見るうちに腐敗変性していきます。その様を見ていると、生きているということはそれだけですごいことなのだ、奇跡的なことなのだ、と感じさせられます。

この地球上で動物が生きている、それは自然の営みです。川が流れているのと同じです。

動物が死ぬのも自然です。川が海に注ぐのと同じです。

ヒトも動物も自然に生きましょう。

ヒトも動物も大腸菌のように自然に生きましょう。

ヒトも動物も植物のように自然に生きましょう。

そして、自然に死にましょう。

ヒトも動物も大腸菌のように自然に死にましょう。

ヒトも動物も植物のように自然に枯れましょう。

そのためには病気や死に際して、医学や宗教に頼りすぎないことです。

早期発見・早期治療をしてはいけない

「残念ながら手遅れです」という医者の言葉は必ずしも真実ではない

「残念ながら手遅れです。ガンがすでに広範囲に転移していて手のつけようがありません。もっと早くガンを発見して治療をしていれば助ける方法があったのですが……」。

この医者の言葉は果たして真実でしょうか。

手のつけようがありません、という部分は真実だと思います。しかし、もっと早くガンを発見して治療をしていれば助ける方法があった、というところは疑問です。もしそれが真実だというならば、その言葉が真実であることを示す根拠はあるのでしょうか。

ガンに限らず「病気は早期発見・早期治療をするべきである」という意見に疑問を持つヒトはほとんどいないと思います。この意見はそれほど社会に広く浸透しています。しかし、それはあくまで意見であって、決して真理ではありません。私はその意見に大いに疑問を持っています。むしろ「病気は早期発見・早期治療をしないほうがいい」と私は考えています。

しかし、この私の考えにも明確な根拠があるわけではありません。長年動物を診療してきた結果得た印象です。しかし、「病気は早期発見・早期治療をするべきである」という意見にも明確な根拠があるわけではないと思います。

ヒトの肺ガンは早期発見・早期治療すると早く死ぬ

どちらが正しいかを証明するには、やはり無作為化比較試験をする必要があります。つまり、ある集団を無作為に病気の早期発見・早期治療をするグループと、早期発見・早期治療をしないグループに分け、経過を追って両グループの死亡率を比べる試験です。現実に行うのは難しい試験ですが、実際にその試験が過去に行われた病気があります。

その一つはヒトの肺ガンです。ヒトの肺ガンに関しては早期発見・早期治療をしないほうが、早期発見・早期治療をするより、肺ガンによる死亡率が低いことが、この試験により証明されています（『Cancer』Vol. 67 1991 :『患者よ、がんと闘うな』近藤誠より引用）。

その試験はアメリカのメイヨークリニックで行われました。ヘビースモーカー約九〇〇〇人を無作為に肺ガンの早期発見・早期治療をするグループと、早期発見・早期治療をしないグループに分け、一二年間経過観察したのです。その結果、早期発見・早期治療を受けなかったグループのほうが、肺ガンによる死亡率が低かったのです。

また、虫歯に関しても、早期発見・早期治療をしないほうがいいという報告があります（119頁）。果たして肺ガンや虫歯は、他の病気とは違う特別な病気なのでしょうか。他の病気は早期発見・早期治療をしたほうがいいのでしょうか。

動物（ヒト）の病気と機械の故障とを混同してはいけない

動物と自動車を比べてみましょう。

動物も自動車も時には調子が悪くなることがあります。しかし、両者には大きな違いが二つあります。

ひとつは、動物には自然に治る力が備わっているが、自動車のような機械にはそれがないということです。

動物は毎日病気になり、毎日病気から治っているのです（257頁「病気になったらどうしたらいいか？」の項参照）。しかし、自動車は故障したら自然に治ることがありません。ですから、故障の早期発見・早期治療は非常に大切です。異常が大きくなる前に修理しておかないと、大事故につながる恐れがあります。

例えば、エンジンのファンベルトが緩んでいたら、早くファンベルトを交換しないと、オーバーヒートして火事になるかもしれません。また、定期検査でシャフトに亀裂が見つかれば、何も症状がなくても修理する必要があります。

ふたつめの違いは、自動車の修理には害がないが、動物の病気を医学的な治療で治そうとすると、必ず何らかの害が発生することです。病気がかえって悪くなることがあるのです。害のない医療行為はないからです。

虫歯は早期発見・早期治療をしないほうがいいと証明されている

自然に治るのは歯に関しても同様です。最近まで私は、「病気は早期発見・早期治療をしないほうがいいけれど虫歯は例外だ」と思っていました。歯のエナメル質には血液が循環していないので、自然に治ることはありえないと考えていたのです。しかし、それは私の間違いでした。巧妙な自然の仕組みは私の想像をはるかに越えていたのです。

虫歯の早期発見・早期治療に関して次のような報告があります。

山形県酒田市の浜田小学校で歯科校医をしていた熊谷崇医師によると、一九八六〜一九九二年までの六年間、その小学校であることをしたら子どもの虫歯が劇的に減少したそうです。あることとは、非常に簡単なことです。それまで行われていた虫歯の早期発見・早期治療を止めたのです。なんと、虫歯の主な原因は虫歯の早期発見・早期治療にあったのです！

虫歯の早期発見には探針という金属性の器具を使います。実は、これが初期虫歯を悪化させるひとつの原因でした。探針で歯を深く傷つけ、菌を植えつけることになっていたのです。

さらに、探針で発見した初期虫歯を深く削って詰め物をしていましたが、それもいけなかったのです。歯を削って詰め物をすると、その時点でその歯の寿命は長くてもあと数十年になってしまいます。詰め物と歯との間にできるミクロン単位のわずかな隙間からも、虫歯の原因菌は進入し、侵食が徐々に進行するのです。

血の通っていない歯の表面は、皮膚のように血液中の栄養で傷を修復することはできません。しかし、口の中には血液の代わりをするものがあります。それは唾液です。唾液中には歯の修復に必要な栄養分が含まれているのです。

歯のエナメル質は眼の角膜と同じです。眼の角膜にも血管が分布していません。角膜に血管が入っていると透明性が失われてしまうからです。しかし、角膜も歯のエナメル質と同様に毎日傷ついています。その傷を修復しているのは涙です。涙に角膜の修復に必要な栄養分が含まれているのです。ドライアイになって涙の分泌が不足すると、角膜潰瘍になるのはそのためです。

初期虫歯は削ってはいけないのです。食べ物を噛むことによって歯のエナメル質にできた傷は、口腔内のpHを七に保つことにより、およそ三時間で唾液が修復してくれます。エナメル質の傷が初期虫歯になり、そして初期虫歯が虫歯になるのを防ぐには、早期発見・早期治療をするのではなく、眼の角膜がいつも涙で潤っているのと同様に、歯の表面ができるだけ長時間（特に食後）、唾液で濡れているような環境を作ってやればいいのです。

虫歯にも心が作用する

もう一つ虫歯を防ぐために忘れてはならないことがあると思います。それは心の作用です。唾液中に十分な栄養が含まれるためには、心の作用も大切なのです。

涙の場合は、悲しい時に出る涙と、うれしい時に出る涙とはその成分が異なります。唾液も涙と同じだと思います。唾液は一日中常に分泌されていますが、楽しい気分の時と憂鬱な気分の時とでは、その成分が異なるはずです。不安感や不快感で心エネルギーが低下していると、十分な量と適切な質の唾液が分泌されないと思います。食後心の余裕もなく大慌てで歯を磨いたり、強制されていやいや磨いたりするくらいなら、何もしないで心おだやかにしておくほうが、虫歯の予防にはいいのかもしれません。

熱心に歯のケアーをしているヒトが虫歯になり、何もケアーをしないで歯垢だらけのヒトに虫歯が一本もない、という話をよく耳にします。歯の質にも関係があるのでしょうが、虫歯のような一見物理的な疾患でさえ、胃潰瘍と同様に心の病ととらえることが必要なのかもしれません。

とにかく現代医学は、病気を肉体や物質の側面からとらえすぎる傾向があると思います。動物やヒトをまるで自動車のように、部品の集合体だと勘違いしているのです。それが医療被害を生み出す原因のひとつになっているのではないでしょうか。

血液循環のない歯のエナメル質でさえ自然に治るのです。血の通っているからだの他の部分なら、なおさら自然に治りやすいと思います。

病気は早期発見・早期治療をするべきか否か、動物病院での比較検証

動物病院に来る動物はさまざまです。家族の方から王子様のように大切にされている動物もいれば、空き地で近所の方から餌をもらって生きている動物もいます。また、生活の糧を得るための売買の対象として取り扱われている動物もいます。当然ながら、病気になった時の対処のされ

方もさまざまです。ヒトと同じように、徹底的な医学的治療を希望する飼い主さんもいれば、そうではない飼い主さんもいます。

例えば、動物もヒトと同じようにからだに腫瘍ができることがありますが、そのような腫瘍に対して、ヒトと全く同じような検査や治療を希望する飼い主さんもいれば、そうではない飼い主さんもいます。

腫瘍に対してヒトと同じ検査や治療を希望する飼い主さんの動物たちには、臨床の教科書に従い各種の医療行為を行います。つまり、細胞診などの検査をしたり、レントゲンを撮ったり、血液検査をしたり、手術をしたりして、その腫瘍に対して早期発見・早期治療をするのです。それが腫瘍に対する教科書的治療、つまり標準治療です。

一方、ヒトと同じ検査や治療を希望しない飼い主さんの動物たちには、腫瘍があっても何も医学的な治療をしないで、症状が出るまで様子を見ていることがあります。これは腫瘍に限らず他のすべての病気でも同じです。

つまり私たち開業獣医師は、同じような病状に対して、早期発見・早期治療をする場合と、早期発見・早期治療をしない場合の、両者の経過を観察する機会を持っているのです。私も開業獣医師として、長年に渡りさまざまな病気でその両者の経過を観察し、そして比較してきました。

その結果、緊急疾患以外の病気は早期発見・早期治療をしないほうがいい、と確信を持つようになりました。病気を早期に発見し医学的な介入をすると、逆に治癒が遅れるか、苦しみが増すか、あるいは死期が早まることが多いのです。病気の芽を摘むと、結果的に病気の根が育つことになるのです。

医学界にも主流派と反主流派がある

ヒトの世界では、高血圧、高コレステロール血症、糖尿病を死の三重奏と呼び、早期発見・早期治療をしないで放置しておくと大変なことになる、と医療界は盛んに危機感を煽っています。これらの三つは、最初のうちは数値が高くても何の症状もないが、一旦症状が出た時には命取りになるサイレントキラー（沈黙の殺し屋）だ、というのです。早期発見・早期治療をしないで放っておくと死ぬかもしれないと警告しているわけです。

しかし、その主張に反対している研究者たちがいます。高血圧症や高コレステロール血症を治療すると、かえって危ないと訴えているのです（『下げたら、あかん！　コレステロールと血圧』浜六郎、『成人病の真実』近藤誠）。

私も同感です。いかなる病気も症状が出るまでは医学的な治療をしないほうがいい、と動物た

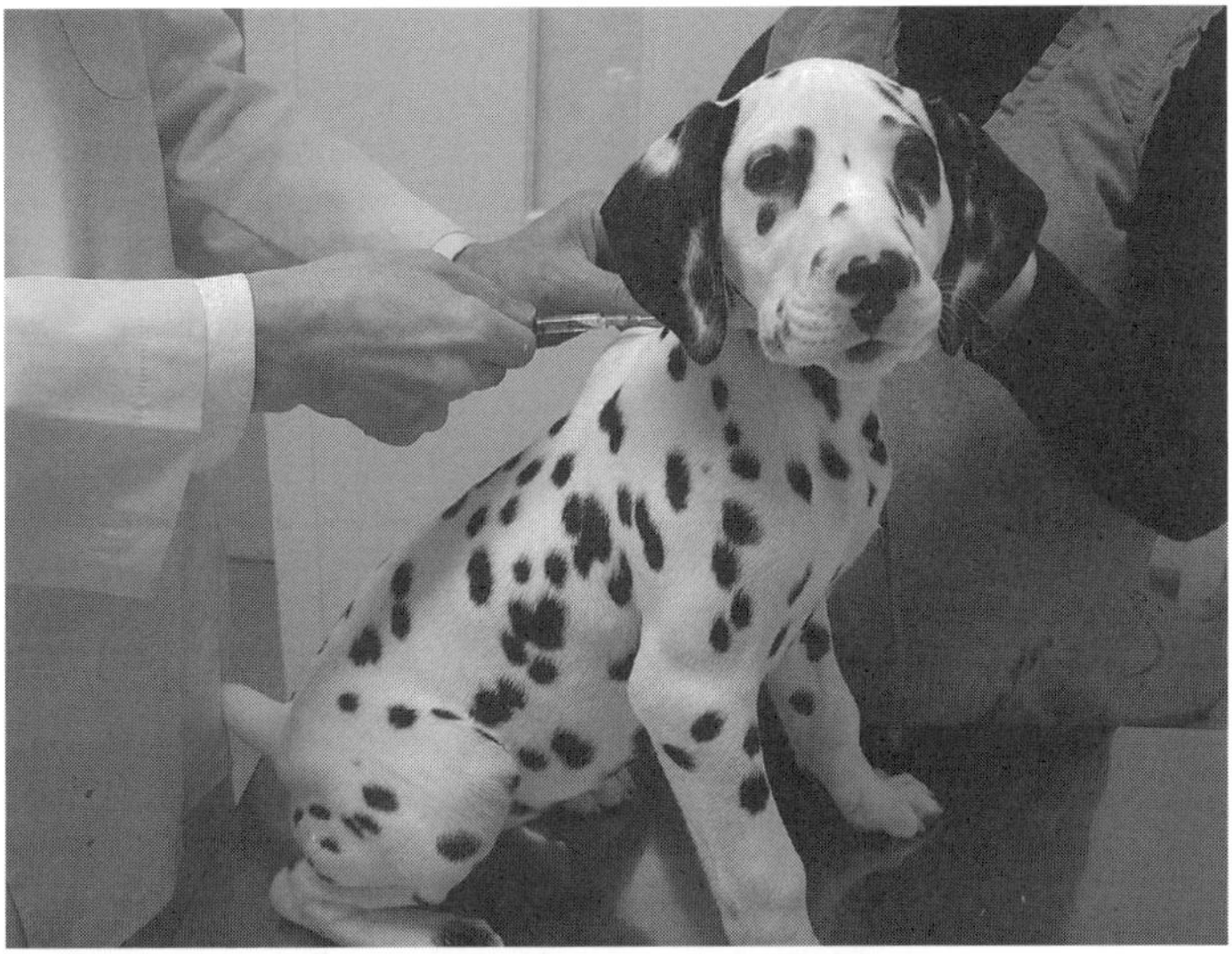

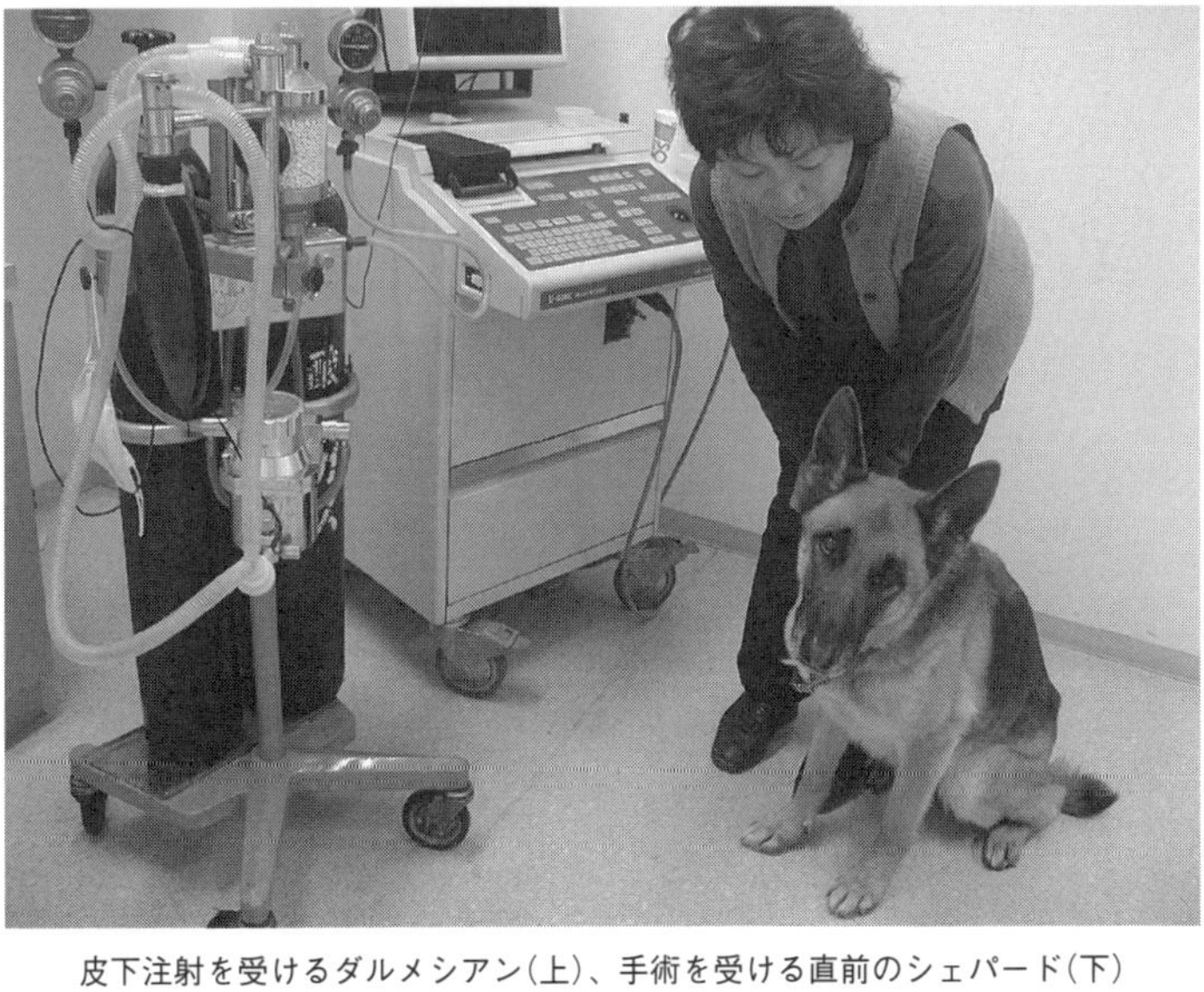

皮下注射を受けるダルメシアン(上)、手術を受ける直前のシェパード(下)
いかなる状況下でもカメラ目線でハイポーズ！

ちから教えられているからです。

医学の世界にも主流派と反主流派があるのです。マスコミで盛んに取り上げられているのはほとんどすべて主流派の意見です。

病気の早期発見・早期治療をすると、元気な動物やヒトの元気がなくなるケースが多い

元気のないヒトが訪れて、元気にして家に帰す、それが病院の仕事のはずです。しかし、私の身の回りでは、多くの何の症状もない元気なヒトが病院を訪れています。病気は症状が出る前に早期発見・早期治療をするべきであるという意見に従っているのです。そして、病院で異常（?）を発見され、その異常に対して医療行為を受けた結果、元気がなくなって病院から帰って来る、というケースが多いのです。中には、病院に行くまでは元気だったのに、生活の質が落ちる障害（人工肛門など）を持って病院から帰ってきたり、亡くなって帰ってきたヒトもいます。

病気の早期発見・早期治療に、その行為から発生する害を打ち消すほどの益があるという証明はありません。症状が出る前にはいかなる検査も、ましてやいかなる治療もしないほうがいい、と私は確信しています。生活の質が落ちるような症状が出てから、ゆっくりと医療行為を受けるかどうか考えればいいのです。

健康食とは何か？

セキセイインコとねずみの場合

セキセイインコは植物の種子を常食にしている鳥ですが、ペットショップに並んでいるセキセイインコの餌には、殻の付いたものと殻の剥いたものがあります。殻の付いた餌を与えると、かごの周りに殻が飛び散るので、殻を剥いた餌をやっている飼い主さんの方が多いと思います。殻を剥いてある餌のほうが鳥にとっても食べやすいだろう、という配慮もあるのでしょう。

しかし、殻の付いた餌と、殻を剥いた餌の両方を同時に与えると、ほとんどのセキセイインコは、殻の付いた餌のほうを好んで食べます。殻を剥いた餌のほうが食べやすいと思うのですが、彼らはわざわざくちばしで殻を剥いて、中身を食べるのです。彼らには殻の付いた餌のほうがおいしいのでしょう。殻を食べるわけではなく、殻の中身を食べるわけですから、どちらも栄養的な価値は変わらないように見えます。しかし、実は殻付きの餌のほうがセキセイインコの健康にはいいのです。

ヒトに飼われている鳥は、運動不足や栄養のアンバランスなどが原因で、卵が出ないでお腹に詰まってしまうことがあります。卵塞《らんそく》といいます。鳥類は卵も便も尿も、排泄腔とよばれる一つの出口から排出されるので、卵が詰まると、便も尿も出ることができずに死んでしまいます。

ところが、餌を殻を剥いたものから殻付きに変えるだけで、卵塞を予防できることが多いのです。

鳥の健康に欠かせないビタミンやミネラルなどが、殻に付着しているのでしょう。または、種子は殻を剥くと急速に変質してしまい、栄養分が減少すると同時に毒性の物質が増加するのでしょう。しかし、セキセイインコはそんな事情を知っているわけではなく、ただ殻付きの餌のほうが殻を剥いたものよりおいしいと感じるから好んで食べるのです。

ねずみもセキセイインコと同じです。殻を剥いている種子より殻を剥いていない種子のほうを好むようです。農家の方から聞いた話によると、ひとつの蔵の中に、精米して白米の状態で保存している米と、籾のまま保存している米とがあると、籾のほうばかりがねずみに食べられるということです。

犬の場合

犬は生後一ヶ月くらい母乳で育ちます。それから生まれて初めて、離乳食という半固形物を口にするわけです。そんな離乳期の子犬にある試みをしてみます。離乳食として、乾燥ドッグフードをお湯でふやかしたものと、お粥に卵と塩を加えたものを二つ並べてみるのです。子犬たちにとっては生まれて初めて食べるものですから、彼らはもちろんどちらの味も知りません。

その結果、私の知る限りほとんどすべての子犬は、お粥に卵と塩を加えたものを好んで食べます。彼らには乾燥ドッグフードよりお粥や卵のほうがおいしいのでしょう。

成犬も同様です。私は今日まで、ヒトと同じ食事より乾燥ドッグフードのほうを好む犬に出会ったことがありません。犬にとっては人間食のほうがおいしいようです。

「ヒトと犬とは必要な栄養素が異なる」、それは事実です。例えば、犬は体重当たりのタンパク質必要量がヒトより多いし、ビタミンCは体内で合成できるので食べ物から摂取する必要がありません。

また、「犬はヒトより腸が短い」、「犬はヒトと違ってほとんど汗をかかない」、というのも事実です。そして、これらの事実をもとに、世間では「犬にヒトと同じ物を食べさせてはいけない」

という理論が盛んに展開されているように思います。ドッグフードは栄養学的に研究しつくされた犬の理想食だというわけです。

しかし、「医療に関しては理論や常識は必ずしも正しくない」、と動物たちはさまざまな例で身をもって教えてくれています。食事についてはどうなのでしょうか。ドッグフードと人間食の、どちらが犬にとって健康にいい食事なのでしょうか。それを調べる方法がひとつあります。無作為化比較試験（88頁「いい薬と悪い薬を見分ける方法はあるか？」の項参照）をしたらいいのです。それは次のようなものです。

一〇〇〇頭以上の離乳期の子犬をくじ引きで無作為に二つのグループに分け、ひとつのグループの犬には一生ドッグフードを食べさせ、別のグループの犬には一生人間食を食べさせます。そして、両グループの犬の寿命を比較するのです。

これとよく似た調査として、すでに死んだ犬の飼い主さんから食事について聞き取り調査をして、一生ドッグフードを食べさせたグループと、一生人間食を食べさせたグループの犬の寿命を比較するという方法があります。しかし、それは正しい調査ではありません。犬を無作為にグループ分けしていないからです。例えば、ドッグフードを食べさせてもらっている犬たちのほうが、食事以外の面でも大事にされている可能性やその反対の可能性があり、それが寿命にも影響を及ぼすことが考えられます。

羊の場合

放牧地を二つに分けて、一方には牧草を育てるのに化学肥料を使い、他方には動物の排泄物を肥料に使います。その後、牧草が生い茂った放牧地に羊を入れると、羊は動物の排泄物で育てた牧草地の方に集中するそうです。羊には動物の排泄物で育てた牧草の方がおいしいのでしょう。どちらの牧草が羊の健康にいいか論ずる必要もないと思います。

味覚は免疫のひとつである

動物はみんな自分の健康にいい食べ物を、無意識のうちに知っているのです。それはその動物にとって、おいしいと感じる食べ物です。つまり、その動物が好んで食べるものです。その反対に、健康に悪い食べ物も知っています。それはその動物にとってまずいと感じる食べ物です。

動物には免疫という機能があります。からだに入った悪いものをやっつける働きです。この免疫機能があるからこそ、動物はこの地球上で他の生命体と共存共栄できるのです。しかし、免疫機能を働かせる前にもっと大切なことがあります。それは、からだに悪いものを、体内に入れないようにすることです。実は、味覚という感覚はそのために発達しているのです。動物はからだにいいものをおいしいと感じて体内に入れ、からだに悪いものはまずいと感じて体内に入れないようにしているのです。

どんな食べ物がからだに良くてどんな食べ物がからだに悪いのかは、同じ種類の動物でもひとりひとり違います。食べ物の好みにも多様性があるのです。ある個体にはからだにいいものが、別の個体には毒物である可能性もあるということです。

食べ物の好みは季節によっても変わります。暑い季節には体温を下げる作用のある食べ物をおいしいと感じ、寒い冬には体温を上げる作用のある食べ物や、皮下脂肪を蓄えるのに必要な食べ物をおいしいと感じるものです。また、一生の間でも食べ物の好みは変わっていきます。エネルギー消費の盛んな若い時には高カロリー食をおいしいと感じ、基礎代謝が減少する中年以降にはあっさりしたものを好むようになるのです。

すべての食物には毒素がある

多くの植物は動物や昆虫に食べられないように、あるいはライバルに対抗するために、体内に毒素を持っています。植物の苦味や渋味はこの毒素です。そして、我々が使っているほとんどの薬はこの植物毒を利用したものです。例えば、ペニシリンは青カビが細菌というライバルをやっつけるために作り出した毒素です。

それに対して動物は、植物毒素を体内で解毒して無害なものに変える機能を持っています。植物と動物が生存競争をしているのです。しかし、動物の解毒機能はすべての植物に対応しているわけではありません。また、解毒能力には個体差もあります。ですから、動物は栄養のある植物の中から、自分の体内で解毒できる植物だけをおいしいと感じて食べ、体内で解毒できない植物はまずいと感じて食べないのです。

植物だけではなくすべての食物は毒素を持っているか、代謝の過程で毒素が発生します。ヒトという動物が食べ物を煮たり焼いたりするのは、食品中に含まれている毒素を無毒化する行為でもあるのです。

発育期の動物は特に毒素に敏感です。細胞分裂が活発であるほど毒素の影響を受けやすいからです。ですから、ヒトの子どもがブロッコリーやニンジンを嫌うのならば、無理やり食べさせてはいけないと思います。それらの食品はその子どもにとっては、毒性が強すぎるのかもしれません。子どもの成長が一段落し細胞分裂が落ち着けば、嫌いだった食べ物も好きになるものです。

また、「妊婦のつわりは胎児の叫びである」という説があります。胎児期は一生の中で最も細胞分裂の活発な時期なので、毒素には特に敏感です。大人なら平気な食べ物も胎児にとっては毒物として作用することもあるでしょう。ですから、つわりは、自分にとって毒性の強い食べ物を母親が食べないように、胎児が母親に送っている信号である、というのです。なるほど、と思います。

夏にスイカができるのは、夏に動物に食べさせるためである

子孫繁栄が生きる目的であるのは何も動物に限ったことではありません。植物も同じです。植物のすべての生の営みも子孫繁栄につながっています。

植物の中には動物を利用して、自分の子孫を繁栄させようともくろんでいるものが数多くあります。スイカもそのひとつです。スイカは夏に実をつけて、それを動物に食べさせ、その動物を元気にすることによって、自分の種を広範囲に撒き散らそうとしているのです。ですから、スイカには、動物が夏に必要な水分や栄養分がたっぷり入っているはずです。

スイカの実を食べて動物が病気になるようでは、そんなスイカは滅んでしまいます。適者生存の法則がここにも適用されるのです。現在生き残っているスイカは、夏の動物にとって必要な栄

養素を実の中に蓄える機能を獲得しているものだけです。すべての生物はライバル同士であると同時に、持ちつ持たれつの関係でもあるのです。

こう考えると、動物は季節季節の旬のものを食べるのが一番自然であり、それが一番健康にいい食生活であるということが浮き彫りになってきます。

コロンブスやバスコ・ダ・ガマの場合

その昔一五世紀、大航海時代、遠洋航海中の船乗りたちは原因不明の病気に悩まされていました。症状は突然の出血、歯茎の腐敗、出血性発疹、足のむくみなどです。バスコ・ダ・ガマの船団はある航海で、一六〇人中一〇〇人の船員がこの病気で命を落としたという記録があるそうです。

後になって解明されたのですが、その病気はビタミンC欠乏症でした。いわゆる壊血病です。彼らは何ヶ月も船上で過ごしていましたから、野菜や果物から摂取するべきビタミンCが不足していたのです。しかし、当時の彼らにはそんな知識はありませんでした。船上でヒトが次々に倒れるので伝染病が疑われていました。

この病気に対してさまざまな治療が行われていました。しかし、どれも効果がありませんでした。ところが、ひとつヒントがありました。長い航海を終えた船乗りたちは久しぶりに陸に上がると、競うように草や果物を食べたのです。彼らはなぜか草や果物が食べたくてしょうがなかったのでしょう。そして、おいしかったのでしょう。彼らのからだがビタミンCという栄養素を求めていたのです。

この実話からもわかるように、ヒトにも自分のからだに不足している栄養素を無意識に感知し、それを含むものをおいしく感じる機能が備わっているのです。

その後、遠洋航海には塩浸けの野菜を常備するようになり、船乗りたちが壊血病で苦しむことはなくなりました。

驚くしかない巧妙な自然の仕組み

ビタミンCが不足している時には、ビタミンCを多く含んでいる食べ物が欲しくなるし、鉄分が不足している時には鉄分の豊富な食べ物を食べたくなるものです。また、汗をかいた後は塩辛いものがうまいとか、疲れたら甘いものが無性にほしくなる、というのも同じメカニズムです。

その反対に、塩分を控えたほうがからだにいい時には、塩辛い物はまずく感じるようになるでしょうし、高齢になれば、脂っこいものは好まなくなるものです。

また、風邪などのウィルス感染症になると、鉄分を多く含む食品（レバーや卵黄など）をまずく感じるようになることがありますが、それにも意味があります。ウィルスの増殖には鉄分が不可欠なので、感染症にかかっているからだとしては、ウィルスを兵糧攻めにするために鉄分の摂取を控えてほしいのです。そのために、鉄分を多く含む食品をまずく感じさせているのです。自然の巧妙さには驚くほかありません。

遺伝子には祖先の経験がすべて記録されている

動物の遺伝子には、過去何百万年もの祖先の経験がすべてインプットされているのです。もちろん食べ物に関する情報も記録されています。ですから、現在生きている動物は、祖先の過去の経験から、どんな時にどんなものを食べたら健康にいいのか、あるいはどんなものを食べるとからだに悪いのか、無意識に知っているのです。

しかし、どんな食べ物が健康に良くて、どんな食べ物が健康に良くないのかという情報が確立し、その情報に適応するには何世代もの長い時間が必要です。この地球上に発生してからあまり時間が経っていない食べ物に関する情報は、まだ完全には確立されていません。

ですから、自然に存在するものではなく、近年に人間という動物が作り出した食品、例えば乳製品や畜産品などの加工食品や食品添加物が、からだにいいのか悪いのか、動物もヒトもまだ認識していないかもしれないということです。つまり、加工食品や食品添加物がおいしく感じるからといって、からだにいいとは限らないということです。

厳密にいえば、化学肥料や農薬を使って栽培した農産物も、そして、そんな農産物を飼料とする家畜から得られた畜産物も、ヒトが作り出した食品だといえるのかもしれません。

甘いものや高脂肪食はおいしくてもからだに良くない理由

農業が発明される前、ヒトは野生動物でした。ヒトは食糧を生産することなく、また大量に備蓄することもなく、狩猟と植物の採集によって食べ物を得ていたのです。そのほとんどのものが低カロリーで低脂肪です。そんな時代には甘いものは貴重なエネルギー源になるので、からだにいいものであると認識されていました。また、脂肪分の高い食物も、飢饉に備えて体内にエネルギーを蓄えておくことのできる食物であるとして、からだにいいものであると認識されていました。そんな時代が何万世代も続いたのです。人類の野生時代です。

野生のヒトを文明のヒトに変えたのは農業革命です。しかし、狩猟と採集という、何万世代も続いていたヒトという動物の食生活を、劇的に変えてしまった農業革命から、まだたった五〇〇世代しか経っていません。ところが、ヒトの遺伝物質の九九・九九パーセントは農業革命の前から変わっていないのです。ですから、ヒトの胃腸や肝臓などの消化器系および味覚や免疫システムなどは、いまだにどちらかというと狩猟と植物の採集という食生活の方に慣れているのかもしれません。

甘いものや高脂肪食がおいしく感じられるのは、その時代の名残でもあります。ですから、食べ物が豊かになった現代の日本では、甘いものや脂肪分の多いものは、おいしく感じるといっても、食べすぎると健康によくないと思います。

ヒトのからだはまだ近年の食生活に完全には適応していないのです。現在少しずつ適応しつつある状態なのです。適応の程度はヒトによって異なります。あるヒトは近年の高カロリー高脂肪食にうまく適応しているでしょうし、あるヒトはまだ農業革命以前の食生活に適応したままでしょう。高カロリー高脂肪の食生活で病気になるヒトもいれば、病気にならないヒトもいるということです。

農業革命によってヒトの寿命は延びましたが、その不自然な食生活が新たな病気の原因のひとつにもなっていると思います。

食事は心エネルギーを高める

食事は単なる燃料補給ではありません。動物の食事は、車にガソリンを入れるのとは根本的に違うのです。動物はみんなおいしいと感じる物を食べて、心身に必要な栄養を補給すると同時に、心エネルギーを高めているのです。心エネルギーが高まらなければ動物の食事とはいえません。

からだにいいというマスコミなどの情報を信じて、毎日好きでもないもの、つまりおいしく感じないものを食べていると、栄養学的にはどんなによくても、心エネルギーが低下して病気になると私は思います。

世間には好き嫌いの激しいヒトがいます。私の知り合いの中にも野菜をほとんど食べないヒトが複数います。肉類を食べないヒトもいます。しかし、そんな好き嫌いの激しいヒトが病気がちで短命かというと、決してそうではありません。みんなお元気です。偏食と寿命とは関係がないように思います。無理しておいしく感じないものを食べる必要はないのです。

肥満の原因は不自然な暮らしにある

おいしいものばかり食べて肥満にならないか、と心配する方が多いと思います。確かに、高カ

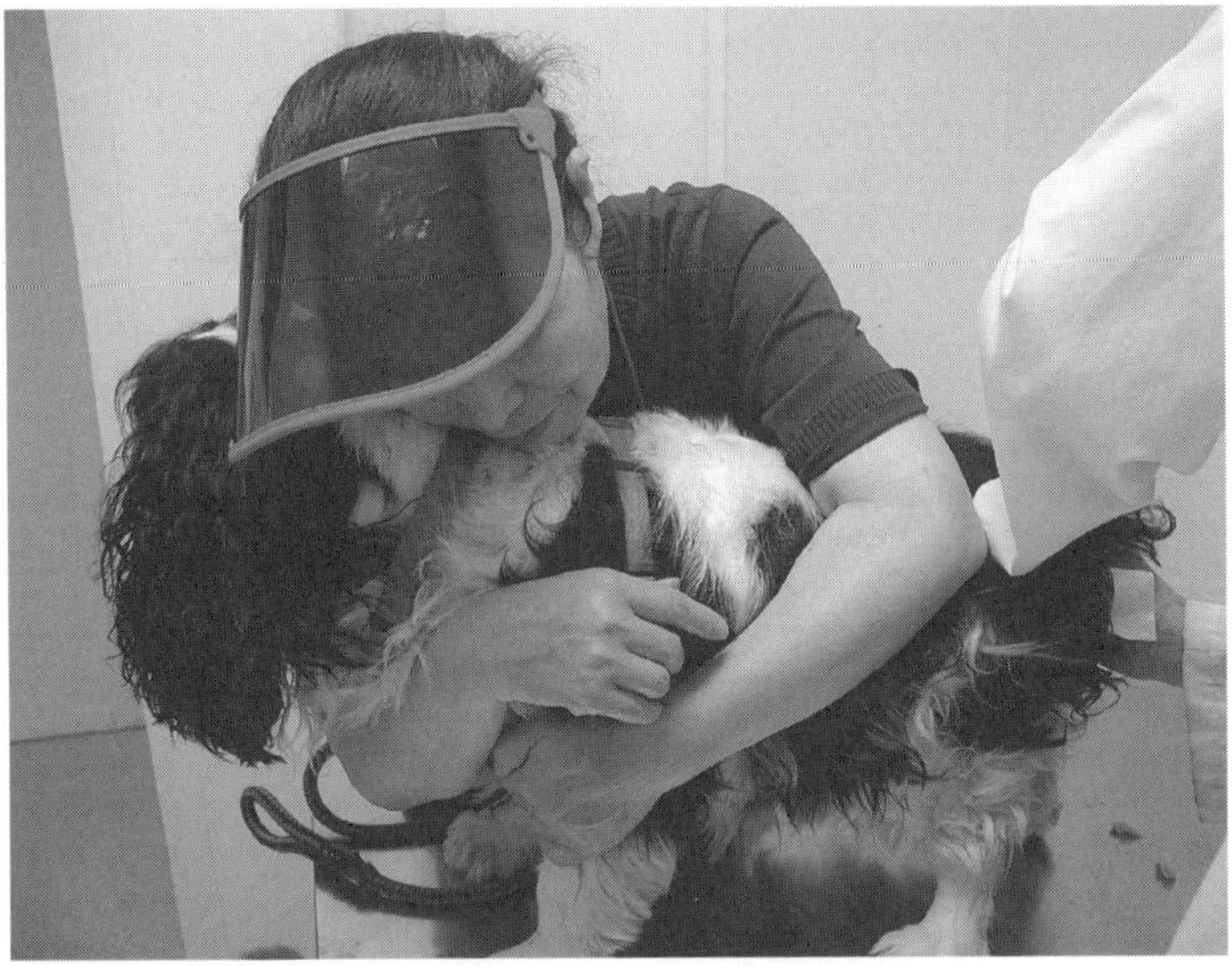

飼い主さんによる保定のされ方は犬さまざまです。

ロリー高脂肪食をおいしいと感じてしまう本能は、ある程度理性で抑えなければなりません。その本能は農業革命前には価値がありましたが、飽食の時代には悪影響もあるからです。

しかし、動物をみていると、肥満は不自然な暮らしに大きな原因があるように思います。基本的には、野生動物に肥満はありません。しかし、野生動物もヒトに飼われると肥満になることがあります。ヒトに飼われるというストレスや運動不足が肥満の原因になるのでしょう。動物は食べ物を得るために、毎日からだを動かすように設計されています。からだを動かさない暮らしは、自然と調和していない不自然な暮らしだといわざるをえません。それがなんであれ、不自然な暮らしは病気の原因になります。

ヒトの場合も、運動不足や過度の競争といった、自然と調和していない不自然な暮らしが食べすぎの原因であり、肥満の原因であると思います。食べすぎをチェックする前に、自分の生活が自然と調和しているかどうかをチェックしなければなりません。どうしてそんなに食べすぎてしまうのか、その原因を追求するために、心とからだのライフスタイルを見直してみることが大事だと思います（98頁「動物（ヒト）はなぜ病気になるのか?」の項参照）。

基本的にはおいしいものが健康食である

都会で生まれ育った私の友人が数年前に田舎に移り住みました。そして、無農薬有機肥料で野菜作りを始めました。時々彼の作った野菜を食べさせてもらいますが、どれもすごくおいしいのです。

たぶん、彼の野菜の中に、私のからだと心が求めている何かが含まれているのだと思います。あるいは、私のからだには良くないものが、彼の野菜には含まれていないのでしょうか。とにかく、今まで味わったことがないような深い味が、彼の作る野菜にはあるのです。

逆に考えれば、食べた時に特別においしく感じない「有機野菜」や「自然食」があるとすれば、それは値打ちがないと思います。

結局、ヒトも動物もみんな基本的には、自分が今食べたいと思うもの、そしておいしいと感じる物を、自然食の中から選んで食べればいいのではないでしょうか。それがそのヒトやその動物の、その時の健康食だと思います。おいしいものはからだにいいのです。食べ物を「からだにいいもの」と「からだによくないもの」などと分類することには意味がありません。

また、一日当たりに必要な栄養素量を決めることにも意味がありません。それは動物の多様性、つまり個性を無視しています。必要な栄養素の量はひとりひとり異なるのです。例えば、ビタミンCの一日当たり必要量は、ヒトによって一〇〇倍もの開きがあるといいます。

動物は今の自分のからだに必要な物や、不足しているものを食べたいと望みますし、それを食べた時にはおいしいと感じるものです。そのような無意識の心の欲求を満たす暮らしこそ、動物にとって一番自然な暮らしです。

そして、自然な暮らしをしていると動物は簡単に病気になるものではありません。野生動物がほとんど病気をしないのは大自然と調和した、自然な暮らしをしているからです。

しかし、おいしいものが健康食だとしても、ヒトに飼われている動物はヒトの与えるものしか口にすることはできません。自分の心とからだが求めているものを選んで食べることができないのです。例えば、犬が毎日ファーストフードばかり食べている飼い主さんと同じ食生活をすれば、飼い主さんと同じように栄養が偏るでしょう。ビタミンやミネラルを豊富に含んでいるものを食べたいと思っても、食べることができないからです。つまり、動物にヒトと同じ食生活をさせて、過不足のないように栄養を摂らせるためには、飼い主が栄養的にバラエティーに富んだ食生活をしている必要がある、ということになります。

「手遅れになるところでした」のウソとホント

早く治療しても治らない病気は治らないし、ゆっくり待ってから治療しても治る病気は治る

「危ないところでした。もう少し遅かったら手遅れになるところでした」。

私も何回かこのせりふを口にしたことがあります。医者からこう言われると、患者さんサイドは「ありがとうございました」と改めて医者に深く感謝することになると思います。

しかし、必ずしもこのせりふは真実ではありません。少なくともこのせりふの正当性を示す根拠はないと思います。この言葉の裏には、「私が適切な処置をしたから命が助かったのです」という医療者側の自負があるのです。「私が命の恩人です」と声を大にして宣言しているようなものです。

結論からいいますと、ほとんどの医療行為は、できるだけ我慢してから受けたほうがいい、と

私は考えています。この二十数年間の診療を思い返してみても、我慢しすぎたために治療が遅れて大変なことになったという症例は私の記憶にはありません。早く治療しても治らない病気は治らないし、ゆっくり待ってから治療しても治る病気は治ると思います。

ただし、ゆっくり待つといっても、限度はあります。全く食欲がなく元気もないのに放置しているとか、呼吸困難があるのに様子をみている、などというのは論外です。

軽い腹痛でためらわずに医療行為を受けた場合

例えば、お腹が少し痛くて病院に行った場合を想定してみましょう。病院では何はともあれ、まず血液検査や腹部レントゲン検査を勧めるはずです。

「腹部を痛がる疾患としては、腹膜炎、膵臓炎、腸重積、腸閉塞、胃拡張、胃捻転、胃腸炎、食中毒、尿路結石症、胆嚢炎、寄生虫症、などが考えられるので、各種の検査をして確定診断を下し、原因に対して治療をする」というのが科学的な正しい医療行為である、とされています。病気は医学で診断し、医学で治療する、というわけです。

しかし、害のない検査はありません（162頁「知っていますか？　定期検診の危険性」の項参照）。例えば、レントゲン検査を受けると、必ず放射線被爆の害が発生しますし、内視鏡の検査を受けると死ぬことさえあります。医者は時々「念のために検査をしておきましょう」と言いますが、検査は決して念のためにするものではないと思います。医療検査は明確な目的を持って行うべきものです。

次に、胃炎と診断され、消炎鎮痛剤を処方されたとします。その消炎鎮痛剤を飲むと、胃の痛みは消えるかもしれません。しかし、今度は薬の副作用で消化管潰瘍になる可能性があります。胃炎で死ぬことはありませんが、消化管潰瘍は命にかかわることがあります。消炎鎮痛剤の副作用と思われる消化管潰瘍のために、ひどい血便をしていた犬を私は何例か診たことがあります。ヒトの場合でも消炎鎮痛剤による死亡例が報告されています。

また、消炎鎮痛剤には間接的な害が発生する可能性もあります。消炎鎮痛剤で痛みが軽減されるために、安静に保つべき患部が無理をしてしまい、放置していたら自然に治るような病状が、悪化する恐れがあるのです。例えば、消炎鎮痛剤で胃炎の痛みが消えたら、食事をしてしまって胃を休ませることができないし、骨折の痛みを消炎鎮痛剤で抑えたら、患部に負荷がかかって自然に治るべき骨が変形してしまうかもしれない、ということです。

消炎鎮痛剤に限らず薬には必ず害があります。医療検査にも害があります。手術にも害があります。すべての医療行為には害があるのです。

一方、軽い腹痛があるのに病院に行かなかったために大変なことになった、というケースは考えられるでしょうか。確かに、腹膜炎や腸閉塞など医学的治療が必要な重大な病気が、軽い腹痛から始まることはあるでしょう。しかし、そんな場合でも症状が重くなってから治療を受ければ十分であり、それで決して手遅れになることはないと思います。まして、軽い腹痛が重大な病気の前兆である確率より、自然に治るべき腹痛に対して医学的な介入をしたばかりに、余計にひどくなるという確率のほうが圧倒的に高い、と私は思います。

私の病歴①——原因不明の下血

私は自分自身に対しても医学的な治療を受けることに非常に慎重です。めったなことでは病院に行きません。かといって、私のからだが人並みはずれて丈夫にできているわけではありません。たまには風邪も引きますし、体調が狂うこともあります。

何年か前には、痔でもないのに大量の下血がありました。この時、もし病院に行っていたら、腹部レントゲン検査と詳細な血液検査をされていたでしょう。そして大腸ポリープや大腸ガンを見つけるために、内視鏡検査を受けるように強く勧められていたことでしょう。

出血したほどですから、私の大腸には何か病変（?）があったのでしょう。あるいは、今もあるのでしょう。そういえば、つい最近にも少量の下血がありました。しかし、今のところ症状はないので何もしないで様子をみています。

症状とは生活の質が落ちている状態であると私は定義しています。私の場合、下血はしたものの生活の質が落ちたわけではないので、それは症状ではないと判断しています。たまには誰でも出ることがある鼻血みたいなものだ、と勝手に考えています。

私は、たとえ大腸ガンであったとしても、症状が出るまでは医学的治療を受けるつもりはありません。早く治療しても治らない病気は治らないし、ゆっくり待ってから治療しても治る病気は治る、と動物たちは教えてくれました。それはヒトのガンにも当てはまると私は考えています。

私の病歴②——痛風

痛風は美食をしている肥満体のヒトに多いといわれています。しかし、私は身長一七二センチで体重が六〇キロ弱、決して太っているわけではありませんし、肉食中心の美食をしているわけでもありません。しかし、そんな私が痛風になってしまったのです。医学に関しては、理論や通説というものがいかに当てにならないものであるかを示すひとつの証明です。

私の痛風発作は相当に激烈なものでした。私は歩けないどころか、立ち上がることさえできない状態になりました。あまりの激痛に、二日間はほとんど一睡もできませんでした。二メートル先で呼び出し音が鳴っている携帯電話のところまで、移動することさえできないほどでした。足が痛いだけではなく、全身症状として微熱がありましたし、醤油のような色の尿まで出ました。

この時、もし病院に行っていたら足のレントゲン検査と血液検査をされ、消炎鎮痛剤と血液中の尿酸値を下げる薬を処方されていたでしょう。

私の病歴③——慢性膝関節炎

私の右膝関節には慢性の関節炎という持病があります。大学を卒業して間もない頃、スポーツ中に半月板を損傷したのが、まだ尾を引いているのです。怪我をした直後に受診した病院では、即手術をするように勧められました。しかし、私は即答を避けて帰宅しました。本能的に手術が怖かったのです。しばらくの間手術を受けるべきかどうか迷いましたが、毎日少しずつ痛みが引いていったので、結局手術は受けませんでした。

その後、右膝に常に違和感はありましたが、生活の質が落ちるような症状はありませんでした。しかし、受傷から十数年が経過し、スポーツを再開するようになって膝関節炎が再発しました。

今も大きな負荷をかけると膝が痛くて、全力で走ることはできませんし、正座をすることもできません。和式のトイレでは膝が痛くて難儀します。

また、いつも左足で右足をかばっているので、左足の筋肉が太くなり、右足の筋肉は細くなっています。激しい運動をしなければ治ると思うのですが、私はテニスやバドミントンやマウンテンバイクや武道が大好きなスポーツ中毒なのです。私にスポーツを止めろというのは、カエルに水の中に入るなというのと同じです。

私の病気――その経過を考察する

このように私はいろいろな病気や怪我を経験してきましたが、いずれの場合にも私は病院に行っていろいろな医学的な検査を受けないほうがいいし、医学的な治療も受けないほうがいいと判断しました。そして、その結果にも満足しています。

痛風については、同病の方々（結構多い）から話を聞いたり、本を読んだり、インターネットを使って情報を得たりして、医学的な治療を受けた場合と、全く医学的な治療を受けなかった私の場合とを比べてみました。

その結果、症状が治まるまでに要した時間は、どちらもほとんど同じでした。発症直後救急車で運ばれて治療を受けたヒトもいましたが、激烈な症状はやはり私と同じように二〜三日続き、普通に歩けるようになるまでには一週間かかっています。彼は早期に治療を受けたのでそんなに早く治ったと考えているようですが、実際は治療を受けなかった私の場合とほとんど変わりがないか、むしろ私のほうが若干早く治ったと思います。副作用のある医学的治療を受けなくて本当に良かったと思います。

痛風は再発が心配ですが、血中尿酸値を下げる薬は飲む気がしません。そもそも、血中尿酸値を下げることに意味があるのかどうか疑問を感じているのです。というのも、血中尿酸値が高くても痛風にならないヒトがいるし、血中尿酸値が低くても痛風になっているヒトがいるからです。痛風に血中の尿酸が関わっているのは確かですが、血中尿酸値と痛風の発症とは大きな関係がないと私は考えています。

また、血中尿酸値を下げるアロプリノールという薬には、この六年間で一七例の副作用死が報告されています（読売新聞等　二〇〇四年三月二八日）。この一七例は氷山の一角だと思います。

痛風の発症には血中尿酸値以外に大きな要因があるような気がします。おそらく、それは過激なスポーツのしすぎと、スポーツ後の脱水状態でのアルコールの飲みすぎ、そして精神的なストレスだと思います。もちろん、持って生まれた体質も大いに関係しているでしょう。

それから、私の膝関節炎についても、早期に手術などの医学的な治療を受けなかったからこそ、今でも結構激しいスポーツを楽しむことができるのだと解釈しています。私と同じように膝を痛めて、過去に手術を受けたスポーツ仲間が何人かいますが、彼らは今でも私以上に重い膝関節炎に苦しんでいます。膝の手術を受けて何の後遺症もなく治っている例は、私の周りにありません。私は、これから先も手術で膝関節炎を治そうとは考えず、一生付き合っていくつもりです。

今後も盲腸（虫垂炎）を疑わせるような症状が出たり、感染症を疑わせるような症状が出たり、ガンを疑わせるような症状が出たり、などからだにいろいろな異変が起こるでしょう。しかし、私は急いで医療行為を受けるつもりはありません。できるだけ我慢をして経過を観察し、ゆっくり医学的治療を受けるかどうかを検討するつもりです。

犬の椎間板ヘルニアの場合

動物の場合をみていると、病気にもライフサイクルというものがあり、病気はある経過をたどって治っていきます。少しでも早く病気を治したいという気持ちはわかりますが、医学的な治療を受ければかえって治りが悪くなることが多いのです。

早期に医学的な治療を受けて治ったと信じている病気でも、実は自然に治っていたのかもしれません。椎間板ヘルニアの犬の場合を例にとりましょう。

椎間板ヘルニアとは、背骨と背骨の間にあってクッションの役割をしている椎間板という組織が、外に飛び出して脊髄や神経を圧迫している病気です。圧迫された脊髄や神経の周辺では激痛が発生し、それより後ろの神経が麻痺します。ダックスフントやビーグルなど、胴が長く足が短い犬に多発する病気です。しかし、マルチーズやプードルなどの小型犬や、その他の犬種でも発症しています。

二足歩行をしているヒトでは腰椎椎間板ヘルニアが多いのに対し、四足歩行をしている犬の場合は、前足と後ろ足の真ん中あたりに負荷がかかるせいか、胸椎椎間板ヘルニアが多いようです。軽い症例では背中が過敏になったり、いつも飛び上がっているソファなどに跳び上がれなくなったりする程度ですが、重症例になると完全に後半身が麻痺し、肛門も締まりがなく開いてしまいます。

椎間板ヘルニア対策①——手術療法

このような椎間板ヘルニアに対し手術による治療法があります。背中を切開し、脊髄や神経に食い込んでいる椎間板を削り取る手術です。大手術というわけではありませんが、脊髄や神経を傷つけないように細心の注意をする必要があります。レーザー手術もあります。

椎間板ヘルニアという病気が、どのようなメカニズムで発生しているかを医学知識として知ると、医療者が治療としてこの手術をしたくなるのは極めて自然だと思います。この疾患は機械の故障のように、完全に物理的な原因で発症していると思われるからです。

実際、早期にこの手術を受けて、犬の後半身麻痺が治り大満足しておられる飼い主さんがいます。

椎間板ヘルニア対策②——自然に治るのを待つ

一方、重度の椎間板ヘルニアが何の医学的な治療を受けることもなく、自然に治っている例を私は数多く診ています。最初は後ろ足が萎え、前足だけで後半身を引きずるように歩いていた犬が、時間の経過と共に少しずつ神経の機能が回復し、四本足で歩けるようになるのです。開いていた肛門も締まり、垂れていた尻尾もピンと立って、元気に振ることもできるようになります。回復するまでの時間はさまざまですが、後ろ足が萎えてしまっているほど重度の場合には、何ヶ月もかかることがあります。

ヒトの場合にも椎間板ヘルニアの自然治癒例が多々報告されています。自然回復したヒトの患部のレントゲン検査やＭＲＩ検査をすると、正常な位置から飛び出して脊髄を圧迫していた椎間板が、きれいに吸収されてなくなっているそうです。医学的な治療をためらっているうちに自然に治ったわけです。

椎間板ヘルニア――①と②、二つの対策を比較検討する

この両者を比較して検討すると明らかですが、椎間板ヘルニアに対して早期に手術を受けて後半身の麻痺が治ったという犬の場合も、実際には手術が効を奏して治ったのではなく、自然に治ったという可能性があります。たとえ手術を受けていなくても、自然に治っていたかもしれないわけです。自然に治る時期と手術の時期がたまたま合致したということは十分に考えられます。

ヒトの花粉症でも、次々と病院を変えてやっと効果のある薬にめぐり合ったと喜んでいたら、花粉の時期が終わったので自然に治っていただけだった、という実話があります。

子どものアトピーも思春期を迎えると自然に治ることが多いので、食事療法やサプリメントなどを試みたヒトは、それが効を奏して治った、と勘違いされていることが多いと私は推測します。

椎間板ヘルニアの手術も花粉症やアトピーの場合と同じかもしれません。その手術に実際に効果があったのかどうか、あいまいなものです。しかし、その一方で椎間板ヘルニアの手術を受けた後に、症状が余計にひどくなったという例は確実に存在します。手術には必ず害があるからです。ヒトの場合も椎間板ヘルニアの手術を受けて後悔しているヒトが大勢います。

椎間板ヘルニアの手術が本当に値打ちがあるかどうかは、無作為化二重盲検比較試験をして確かめる必要があります（88頁「いい薬と悪い薬を見分ける方法はあるか？」の項参照）。

ヒトの脳卒中の場合（仮想）

ヒトが脳卒中で倒れた場合も同様です。

あるヒトが脳卒中で倒れました。しかし、たまたま専門病院の近くに住んでいたため、すぐに専門医の治療を受けることができ、全く後遺症がなく治りました。このヒトはきっと、医者からこう言われたでしょう。

「危ないところでした。もう少し遅かったら手遅れになるところでした」。

一方、次のような場合も考えられます。

一人暮らしのヒトが脳卒中のため自宅のトイレで倒れ、誰にも発見されることなく気を失っていました。しかし、自然に意識が戻ったので、医学的治療は何も受けませんでした。後で検査を受けたら脳卒中の所見が認められましたが、本人は何の後遺症もなく治っていました。

このヒトの場合、もしトイレで倒れた直後に発見され、病院で熱心な治療を受けていたら、その副作用によって重篤な麻痺が残るか、あるいは死んでいたかもしれない、と考えることもできます。

医療行為を受けるかどうかは本人が決めるべきである

もちろん早期の医療行為が役に立つ場合があります。例えば、緊急疾患です。交通事故などによる胸部損傷や開放骨折などの外傷、そして腸閉塞や尿閉などはその最たるものです。尿道に結石が詰まって尿閉になり、尿が一滴も出ないのに治療をためらっていたら大変なことになります。どれくらい我慢をしてから医療行為を受けるべきか、という問いに対して明確な答えはありません。食欲があるかどうか、今まで経験したことのある症状かどうか、徐々に症状が激しくなっているかどうか、などが一つの目安にはなるでしょうが、あとは直感に頼るしかありません。

医者に症状を電話で話し「診てもらったほうがいいでしょうか」と聞いても、医者は返答に困ります。医者としては「診せてもらったほうがいいです」とは言えても、実際に診察をしないで「様子をみていて大丈夫です」とは言いにくいものです。患者を診察し、医療行為を行うべきかどうかを診断することが、医者の一番大事な仕事だからです。

医療行為を受けるかどうかは、本人が自分で決断するべきです。動物の場合は飼い主さんです。

親孝行をする動物はいるか？

気質も自然淘汰の洗礼を受ける

新奇探索行動遺伝子という遺伝子があるそうです。この遺伝子を持っている動物は、何か新しいものを捜し求めるという傾向が強いことがわかっています。動物の性格もある程度遺伝子に支配されているという事実の証明です。

新奇探索行動遺伝子は、生存に必要不可欠な遺伝子であるというわけではありません。しかし、新しいものを探し求めるという行動は、繁殖の成功につながる可能性を高めるので、その遺伝子は親から子へ、子から孫へと伝えられていくでしょう。子孫繁栄につながる気質や肉体的特長は、子孫に受け継がれていきます。その反対に、子孫繁栄に不利に作用する気質や肉体的特長は、自然淘汰により消滅していきます。

親孝行という気質はどうでしょう。親孝行遺伝子というものがあるとすれば、その遺伝子は適者生存の法則により生き残るか、それとも自然淘汰により滅び去るか、どちらでしょうか。考察してみましょう。

どんどん栄える遺伝子と、滅びゆく遺伝子がある

地球上に生命が発生してから今日まで、動物はさまざまな困難を乗り越えてきました。時には、生存を脅かされるほどの、大きな試練も経験してきたでしょう。それは飢饉であったかもしれませんし、外敵の台頭であったかもしれません。あるいは、洪水や火山の噴火のような自然災害であったかもしれません。

そんな危機的状況に遭遇すると、動物は自分の命を賭けて、子どもを守ってきました。食べるものがなくなれば、自分が飢え死にしてでも、子どもに食べさせてきました。場合によっては自分の肉体を子どもに食べさせることもいといませんでした。また、外敵に対しては、わが身を呈して子どもの命を守ってきました。

すべて、遺伝子を後世に伝えるためです。親が子どもを愛し、子どもを慈しむのは、遺伝子を子々孫々と伝えるためなのです。

その反対に、危機的状況に遭遇すると、自分の命を犠牲にして親を守る、という気質の動物がいたとしたらどうでしょう。そんな動物は、危機を経験するたびに年寄りばかりが生き残ることになります。そして、何万年という時間経過と共にやがて滅亡するでしょう。

自然界では生存に有利かどうか、そして子孫繁栄につながるかどうかが、動物の行動と気質を決定する決め手です。それが自然の摂理です。

親孝行という気質は、自分自身の生存に有利に働くわけではなく、子孫繁栄に役に立つわけでもありません。自然の摂理に反したものであるといわざるをえません。たとえ遠い昔に親孝行遺伝子が動物に備わっていたとしても、長年の間に自然の洗礼を受けて淘汰され、すでに消滅してしまっているでしょう。今日、この地球上には親孝行をする動物はいないと思います。

ヒトも動物です。ヒトにも親孝行遺伝子があるとは思えません。ヒトにとって、親孝行という感情は自然に湧き出るものではなく、理性と努力によって搾り出すべきものだと思います。だからこそ、尊いものとして親孝行という言葉が存在するのだと思います。

親孝行という気質は動物に本来備わっているものではありません。むしろ、自然に反した気質であるといってもいいでしょう。子どもに親孝行を期待するのは不自然だということです。

知っていますか？　定期検診の危険性

ワンドック、ニャンドック、人間ドック

「病気は早期発見・早期治療が大切です。症状が出る前に定期的に各種の医療検査を受けて、からだの悪いところを見つけ、症状が出る前に治療を受けましょう」と、動物の医療界もヒトの医療界も、盛んに定期検診を受けるように勧めています。マスコミも盛んに取り上げるので、今や定期検診を受けるのはまるで常識のようになっています。

この検診、船のドックにあやかって、犬の場合はワンドック、猫の場合はニャンドック、ヒトの場合は人間ドックとも呼ばれているようです。また、最近では脳ドックとかいうものまでありまます。症状のない動物やヒトが病院にかかることになりますから、定期検診は医療界にとって大きな収入源になります。

このような医療界の強い勧めに応じて、多くの動物やヒトが定期検診を受けています。そして、多くの動物やヒトが何の症状もないままに病気(?)を発見され、薬を飲んだり、あるいは手術を受けたりしています。

しかし、結論からいいますと、私はこのような定期検診は受けないほうがいいと考えています。誤解のないように繰り返しますが、受ける必要がないというのではなく、受けないほうがいい、つまり受けたらかえって悪いと考えています。その理由は六つあります。

定期検診を受けないほうがいい理由①——からだの悪いところを見つけられない

定期検診でからだの悪いところを見つけることはできないと思うからです。

定期検診で見つかるのは検査的な異常であって、それは必ずしもからだの悪いところではありません。痛いとかつらいといった生活の質が落ちるような症状がないのであれば、検査的にどんなに異常があっても、それはからだの悪いところではないと私は考えます。そう考えると、症状がない時に受けるものである定期検診には本来意味がないことになります。

熱心に定期検診を受けているヒトは、「検査的な異常を放置しておくと大変なことになりますよ」という医療者の予言を信じているのだと思います。しかし、その根拠はどこにあるのでしょうか。

私の経験でも、検査データ的に見ると、生きているのが不思議なくらいに悪い状態であるはずの動物が、元気で長生きしたり、その反対に、検査では極めて健康なはずの動物が、突然病気になって死んだりすることが何度もありました。医療検査とはその程度のものなのです。そもそも、医療検査で動物やヒトの健康状態を把握しようとすることに、根本的に無理があるのだと私は思います。

定期検診を受けないほうがいい理由②——害がある

医療検査には害があるからです。

最悪の場合、医療検査で死ぬことがあります。

例えば、胃カメラとか大腸ファイバースコープなどの内視鏡が消化管を傷つけ、命にかかわることがあります。私の知り合いの中にも三名、内視鏡検査を受けたその日か次の日に亡くなっています。その三名は私が直接話を交わしたことがあるほど身近なヒトでした。

バリウムを飲んで亡くなっているヒトもいます。腸の中でバリウムが固まって腸閉塞を引き起こすことがあるのです。

レントゲン検査にはすぐに死ぬほどの害はありませんが、将来白血病になる危険性が高くなります。レントゲンは基本的には原爆と同じ放射線です。ですから、医師やレントゲン技師は患者さんのレントゲン検査をする際に、放射線を浴びないように厳重に自分を守っています。

生検で亡くなっている動物やヒトもいます。生検とは体外から針を肝臓や腎臓に刺して細胞を採取し、それを顕微鏡で調べる検査です。肝炎やガンの診断に盛んに行われています。つい最近にも、兵庫医大で腎臓の生検を受けた青年が亡くなったという報道がありました。

そのほかにも、脊髄造影検査や血管造影検査による死亡例が報告されています。医療者側もこれらの検査に危険があるのは十分に承知していますから、検査を行う前に患者側から文書に署名するように求めるはずです。

文書は、「○○病院様へ。適切な医療行為を正しく行っても危険はあるという事実を私は承知しています。しかし、どうぞ検査をしてください。お願いします。何が起こっても私は文句を言いません」という内容だと思います。

内視鏡検査やレントゲン検査とは異なり、それ自体には害のない検査もあります。例えば、血液検査や心電図検査、超音波エコー、ＭＲＩ、などの医療検査には直接の害はないでしょう。しかし、それらの検査にも間接的な害が発生する可能性があります。というのも、医療検査には、健康な動物やヒトに病気を作りだしてしまうという害があるのです。

検査データの基準値というものは、健康な動物やヒトの九五パーセントが示す数値だということになっています。この基準値にも疑問がありますが（170頁「定期検診を受けないほうがいい理由⑥——検査データの基準値の不思議」参照）、一〇〇歩譲ってこの基準値が正しいとしても、一つの検査項目において、五パーセント、つまり二〇例に一例の動物やヒトは、健康であるにもかかわらず、検査データは基準値から外れる計算になります。

当然ながら、多くの項目の検査をすればするほど、基準値から外れたデータが出る確率は高くなります。例えば、健康な動物やヒトに二〇項目の検査を行うと、すべての項目が正常な動物やヒトはたった三六パーセントになってしまいます。つまり、残りの六四パーセントの動物やヒトに、何らかの病気が作りだされるわけです。

動物には多様性があります。多様性は動物の生存には必要不可欠なものです。しかし、医療検査はこの多様性を無視しています。

「血液中のコレステロール値が二二〇mg／dl以上のヒトは、高コレステロール血症という病気です。薬を飲んで下げましょう」というのは、「身長一メートル八五センチ以上のヒトは、高身長症という病気です。手術で五センチ削りましょう」というのと発想は全く同じです。

症状を伴わない検査データ的異常は、病気ではなく個性だと考えるべきだと思います。

定期検診を受けないほうがいい理由③——メリットがない

定期検診には検査自体の害を打ち消すほどのメリットがないと思うからです。

たとえ医療検査に害があっても、その害を上回る益があれば、その医療検査には受ける価値があります。

例えば、ある医療検査をすると、検査の害で一〇〇〇頭に一頭の割合で犬が死ぬが、その検査をしたお陰で、一〇〇〇頭に二頭以上の割合で犬の命を救うことができる、というならば、その検査には価値があることになります。果たして、こういう証明が定期検診にあるかどうかが問題です。私はないと思います。

定期検診といえばガン検診を思い浮かべるヒトが多いと思いますが、ヒトのガン検診に関して次のような内容の記述とデータが、前にも引用した近藤誠氏の著書『成人病の真実』の中で紹介されています。

「ガン検診の目的はガンの発見にあるのではなく、少しでも長生きすることにあるはずである。だから、ガン検診が有効かどうかは、ガン検診を受けたグループと受けなかったグループの、ガン死の割合ではなく、すべての原因での死ぬ割合（総死亡率）を比べなければならない。ガン検診でガンが見つかり、治療でガンが治っても、治療の副作用で死んでしまったのでは意味がないからである。

ガン検診と総死亡率に関して、アメリカ、イギリス、デンマーク、カナダ、スウェーデン、などの国で、何万人という人々を対照にしたリサーチが行われた。ガン検診を受けたグループと、受けなかったグループの総死亡率を比較したのである。その結果、乳ガンでも胃ガンでも大腸ガンでも、両グループで総死亡率に変わりはなかったのである」

ヒトの世界では、積極的にガン検診を受けても、ガン検診を受けなくても、死ぬ確率は変わらないということのようです。それならば検診や治療という苦痛を受けるだけ損です。これは動物の世界でも同じだし、ガン以外の病気でも同じだと思います。

定期検診を受けないほうがいい理由④——早期発見・早期治療は有害

定期検診は、「病気は早期発見・早期治療をするべきである」という前提に基づいて行われています。しかし、私はその意見に疑問を持っています。その理由は、116頁「早期発見・早期治療をしてはいけない」の項をご参照ください。

定期検診を受けないほうがいい理由⑤——余計な心配をすることになる

余計な心配はしないほうがいいからです。

「定期検診は安心するために受けるのです」というヒトがおられます。しかし、それは理論的にも間違っています。からだの状態を数値で表して統計学的処理をすると、どんな動物でも、どんなヒトでも、ほとんど必ずいくつかの項目で基準から外れた値が出ます。統計とは本来そういうものです。

また、数値ではなく主観で診断するガンにしても、ガン細胞と正常細胞の間に明確な境界があるわけではありません。ガンの確定診断は医者の中でも特別に訓練を積んだ、病理医という専門家が行うことになっています。しかし、同一の検体に対し、一人の病理医がガンと診断し、別の病理医がガンではないと診断することがあります。

骨肉腫（骨のガン）と診断されて、足を切断された一九歳の娘さんの、切り取った足を検査し直したら、骨肉腫ではなかったという例もあるそうです。

検査は結構あいまいなものなのです。それなのに定期検診を受けた後、医者から「もっと詳しい精密検査が必要です」などと言われたら（医者は平気で口にします）、もしかしたらガンではないかと不安でいっぱいになり夜も寝られなくなります。私はたとえガンであったとしても、早期発見・早期治療をするべきではないと確信していますが、定期検診を受けるヒトが一番心配しているのはガンなのです。

不安感は心エネルギーの低下につながります。そして、心エネルギーの低下こそが病気の原因のひとつです。安心するために受けた検査で不安を煽られると、その不安感が原因で病気ではなかったのにほんとうの病気になってしまうかもしれません。

定期検診を受けないほうがいい理由⑥――検査データの基準値の不思議

検査データの基準値に疑問があるからです。

例えば、ヒトの血中コレステロール値の場合、二二〇mg／dl以上が高コレステロール血症であると定められています。確かに血中コレステロール値が高くなると、心筋梗塞になる可能性が高くなります。それは事実です。

しかし、『薬のチェックは命のチェック』Vol.2（医薬ビジランスセンター）によると、総死亡率は、血中コレステロール値が二四〇から二八〇のヒトが一番低いそうです。つまり、血中コレステロール値が二四〇から二八〇のヒトが一番長生きしているのです。これより高くても低くても、死ぬ確率が上がるのです。
　それならば血中コレステロール値が二二〇から二八〇の間で、高コレステロール血症と診断されて、毎日薬を飲んでコレステロール値を二二〇以下に下げているヒトは、意味がないものを飲んでいるどころか、毒物を飲んでいることになります。血中コレステロール値を下げて心筋梗塞になる可能性は若干下がっているのかもしれませんが、死ぬ危険性が高くなっているからです。おまけに何か別の副作用が出る可能性もあります。副作用のない薬はないからです。

日本人のコレステロール値と死亡の危険（J-LIT）
（『薬のチェックは命のチェック』Vol.2　医薬ビジランスセンター）

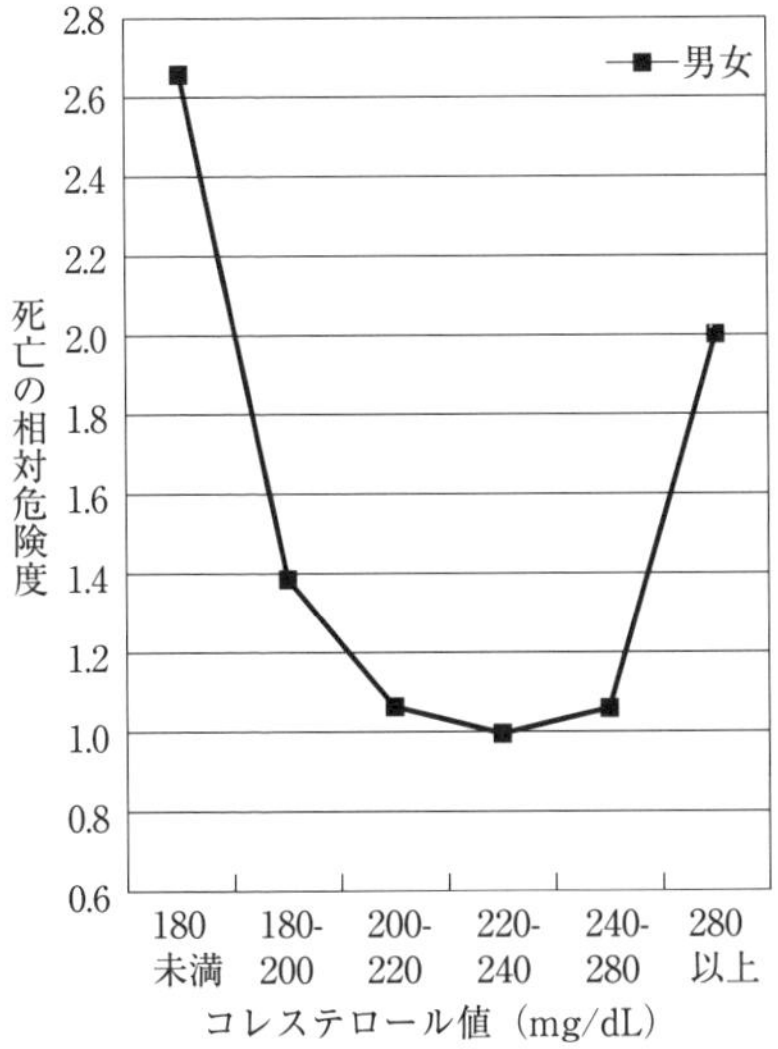

　血圧に関しても、同誌Vol.3は血中コレステロール値と同様に基準値に批判的であり、基本的には薬で下げることに疑問を呈しています。詳しくは同誌をご参照ください。
　検査データの基準値が正しくないのであれば、医療検査によってデータを出す意味がありません。私は、そもそも医療検査のデータに正しい基準値というものは存在しえない、と考えています。

定期検診を受けると早死する

動物もヒトも、定期検診は少しでも元気で長生きするために受けるもの、のはずです。しかし、ヒトの場合には、定期検診を受けたグループと受けなかったグループを比較した結果、定期検診を受けなかったグループのほうが元気で長生きした、という報告があります。

そのリサーチはフィンランドで行われました。四〇〜五五歳の会社管理職の男性一二〇〇人を、無作為にほぼ同人数のふたつのグループに分け、片方のグループには定期的に検診を行い、検査によって高血圧や糖尿病が発見された場合には、その治療と生活の指導を行いました。他方のグループにはそのような定期検診を行いませんでした。そして、両グループを長年に渡り追跡調査したのです。

その結果、一五年後には、定期検診を受けたグループでは六七人が死亡していたのに対し、定期検診を受けなかったグループでは四六人しか死亡していなかったのです。

定期検診群の死亡率が高かった原因としては、検診の直接的な害、検診によって見つけられた病気に対する投薬や手術の害、および検診を受けたために発生した不安感による心労、などが考えられます。

以上述べた理由により、私は自分の飼っている動物の定期検診をしませんし、自分自身も定期検診というものを一切受けません。

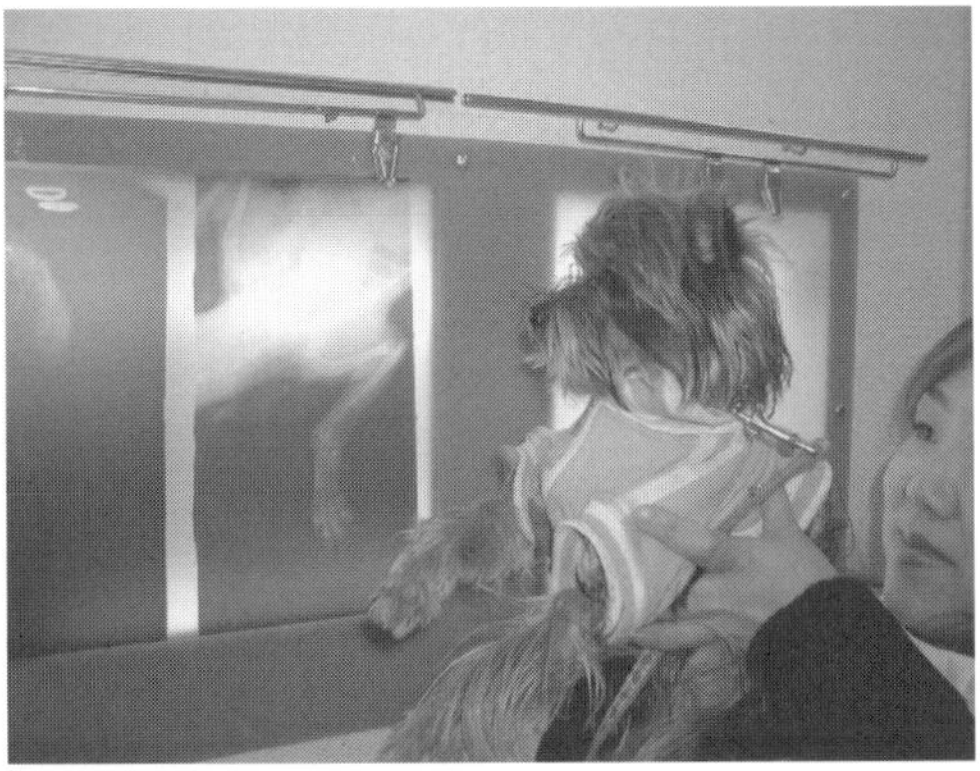

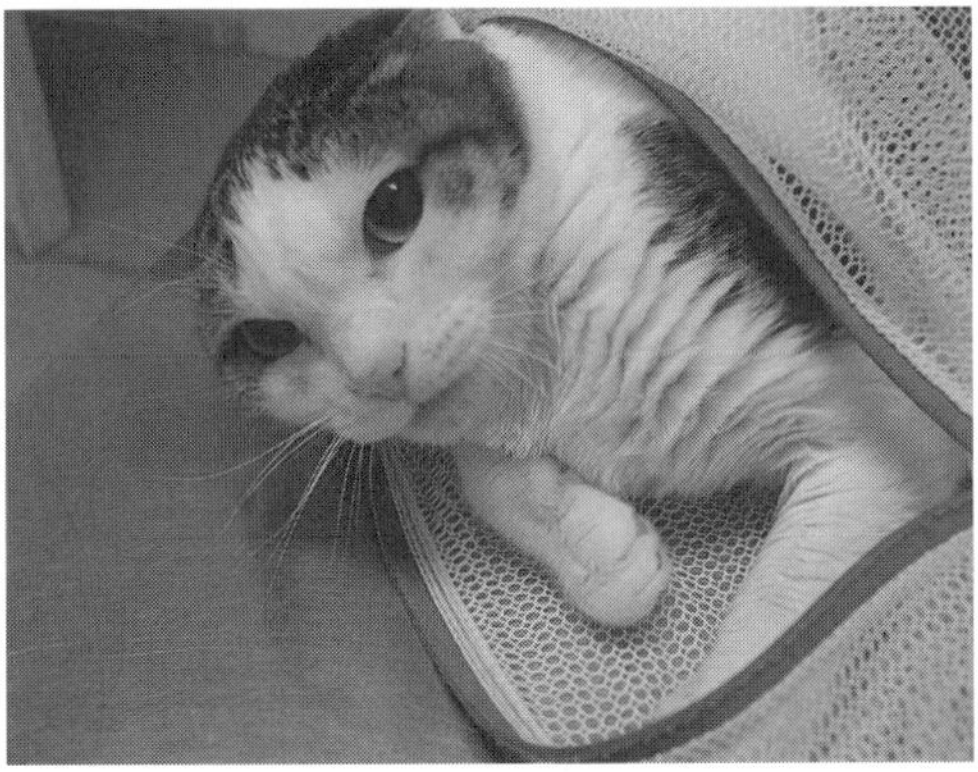

上　「右腕を骨折したけど、手術なしで治りました。」
下　「洗濯ネットからコンニチハ。」

手術をする外科医の気持ち

手術は外科医に恍惚感をもたらす

我々獣医師は外科医でもあります。正確に数えたことはありませんが、私も開業以来四〇〇〇例以上の手術をしています。

手術は外科医に恍惚感をもたらすと私は思います。手術前には確かに存在した病変が、自分のメスさばきによって短時間のうちに消失するのです。それは内科医にはない格別の満足感を生みます。仕事を成し遂げた職人や、作品を仕上げた芸術家が味わうことのできる喜びに近いものが、手術を終えた外科医にはあるのかもしれません。

ただし、それらはすべて手術が成功すればの話です。

たまにはうまくいかない手術もあります。そんな時外科医は、この仕事をやめてしまいたくなるほど落ち込みます。何年も前のうまくいかなかった手術が夢の中に現れ、うなされて目が覚めることもあります。しかし、人間とはうまくできているものです。時間の経過と共に悪い記憶はどんどん薄れ、いい思い出ばかりが強調されるのです。そして、外科医はまた気を取り直してメスを持ちます。

手術以外に命を救う方法がないことがある

外科手術は時に動物の命を救います。外科手術以外に命を助ける方法がないというケースは確かに存在します。犬のフィラリア吊り出し手術がその一例です。

フィラリアとは、長さが二〇センチもあるソーメンのような形をした寄生虫です。蚊によって伝播されて犬の体内に侵入し、皮膚や肝臓をうろつきまわった後、最終的に心臓や肺動脈の中に寄生します。

多少のフィラリアが心臓や肺動脈の中に寄生していても犬は平気です。何の症状もありません。しかし、時に心臓の中で突然フィラリア同士がもつれて、団子状になってしまうことがあります。そうなると心臓の機能が麻痺し犬は急激に弱ります。四～五日で死んでしまうほどです。早急に団子状になったフィラリアの塊を摘出しなければなりません。かといって胸を大きく開いて心臓を切開するのは危険が大きすぎます。

フィラリア吊り出し手術は、弱っている犬になるべく負担をかけないで、フィラリアを心臓から摘出するために考案されたものです。

まず首の皮膚を三センチほど切開し、頚静脈を露出します。次に頚静脈に小さな穴を開けます。そして、その穴から三〇センチ以上もある細長い器具を心臓まで挿入し、フィラリアを引っ張り出すのです。

普通は全身麻酔をしてこの手術をしますが、犬が余りに衰弱している場合には、全身麻酔をしないで局所麻酔だけで行うこともあります。また、呼吸困難が重度の場合には、おすわりの姿勢のままこの手術をします。この病気で呼吸が苦しい時には、横にするだけで呼吸が止まってしまうことがあるからです。

かつてフィラリア症の予防があまり世間に浸透していなかった頃には、毎月のようにこの手術をしていました。摘出できる虫の数は普通三〇～五〇匹位です。しかし、私はこの手術で一頭の犬から二〇〇匹ものフィラリアを摘出したことがあります。この手術が効を奏すると、歩けないほど弱っていた犬が、術後たった数時間で見違えるほど元気になることがあります。

腸閉塞の手術も値打ちのある手術のひとつです。腸に異物が詰まって、毎日吐いて吐いて苦しがっている犬でも、手術をして腸内から異物を摘出すると、その日から吐き気は止まり、翌日から食欲旺盛になります。

外科医は手術が大好きである

フィラリア吊り出し手術、腸内異物摘出手術、いずれの場合もうまくいけば飼い主さんは大いに喜んでくださり、外科医も大いに満足します。

何度かそういう経験をすると、外科医は手術が大好きになります。毎日手術をしたくて、うずうずするようになります。新しく会得した手術ならなおさらです。

そして、「どんな病気でも手術でスカッと治したい」と望むようになりますし、「どんな病気でも手術で治せる」と思うようになります。手術がうまい外科医ほどその傾向があります。そして、患者さんにもどんどん手術を勧めます。

しかし、外科的治療は内科的治療より危険が大きいことは確かです。麻酔による事故死、手術による術死、などを完全に避けることは不可能なのです。その上、手術が成功したとしても、術後には必ず生活の質が落ちます。手術の後遺症です。その程度は、縫合した皮膚の軽いひきつれ感から、生きているのがいやになるほどのひどい苦痛まで、さまざまです。後遺症の全く残らない手術はありません。患者としてはこの点も、手術の前にはっきりと確かめておく必要があります。

私の過ち、早まった手術

手術が好きになってしまった外科医は手術を早まることがあります。私の場合、猫の尿道結石に対する手術が早まった手術の一例だと思います。

猫は本来水をあまり飲まない動物です。そのために尿が少量で非常に濃縮されています。尿が濃縮されると、尿中の電解質が溶けきらずに結晶となって析出してきます。その結晶が雪だるま式に大きくなったのが結石です。猫は体質的に尿の中に結石ができやすい動物なのです。結石が腎臓にできれば腎臓結石、膀胱にできれば膀胱結石、尿道に詰まれば尿道結石、総称して尿路結石と呼ばれます。

小さな結石ならば尿と一緒に排出されます。実際、尿道の太いメス猫には結石が尿道に詰まることはまずありません。しかし、オス猫はマーキングのとき尿をなるべく高く飛ばすために、ペニス内尿道が非常に細くなっています。

というわけで、オス猫は体質的にも解剖学的にも尿道結石症になりやすいのです。このオス猫の尿道結石症に対して、以前はよく手術をしていました。ペニスと睾丸を切除して、太い骨盤内尿道を肛門の下に開く手術です。結石をペニスごと取り去って、尿の出口を新たに作るわけです。小技を要する手術です。

この手術が成功して、大量の尿が人工的に作った外尿道口から、ほとばしり出てくるのを見ると、自分の外科医としての能力に惚れ惚れとしてしまいます。

それまでトイレにしゃがみっぱなしで、一滴も尿が出ないで苦しがっていた猫もすっきりとした表情になります。飼い主さんも大いに喜んでくださいます。みんなハッピーです。外科医が恍惚感を味わう瞬間です。

しかし、最近ではほとんどこの手術をしなくなりました。その理由は猫の尿道結石症が少なくなったからではありません。手術なしの小さな治療で、十分対処できることがわかったからです。

小さな治療とは次のようなものです。

まず、ペニス先端から生理食塩水を注入して、尿道に詰まっている結石を膀胱に押し戻します。次に、手で膀胱を圧迫して排尿を手伝ってやります。場合によっては、その後ステロイドと抗生物質を投与することもあります。基本的には処置はただこれだけです。

猫の尿路結石は固い石ではなく、細かい砂の塊みたいなものです。ですから、膀胱に押し戻されるとばらばらになり、膀胱を圧迫すると尿と一緒に出てくるのです。何度かこの処置を繰り返さないといけない場合もありますが、そのうちに自力で排尿できるようになるものです。

猫の尿道結石症は再発しやすい病気です。治療の後には再発防止策も考えなければなりません。そのためには生活を変えることです。今のままの暮らしをそのまま続けていたら、再発するほうがむしろ自然です。

野生の猫科動物がこの病気にならない理由のひとつは、食べ物を得るために毎日運動をしているからです。私はこの病気の一番の原因は、運動することなしに食べ物を得ることができるという不自然な暮らしにあると考えています。ですから、飼い猫が尿道結石症になってしまったら、運動不足を解消する工夫が必要だと思います。

また、不自然な食生活も猫の尿道結石症と大きな関係があります。餌も変えてみる必要があります。マグネシウムを制限した特別な処方食を食べさせないといけないという説もありますが、私は基本的には本人が好むものが、その猫の健康食だと考えています。バイキング形式で猫に好きなものを選ばせればいいのです（127頁「健康食とは何か？」の項参照）。

それから、排尿を我慢させないように、トイレをいつもきれいに保つように心がけたり、また、トイレを複数用意したりするのも効果的だと思います。

このように、猫の生活を変えるにはいろいろと手間はかかります。しかし、少なくとも手術のような危険はありませんし、後遺症が出ることもありません。

実は、以前の私は、猫の尿道結石症に対して手術を早まっていたのです。今思えば、手術をしなくてもよかった猫に手術をしていたのです。どんな手術にもいえることですが、この手術にもいい点ばかりではなく悪い点があります。

悪い点のひとつは、術後、慢性の膀胱炎に悩まされる可能性が高くなることです。不自然な形で膀胱と外尿道口が近づいているので、膀胱粘膜が細菌感染を起こしやすいのです。

また、肛門の下に新しく作った外尿道口が癒着して塞がってしまい、何度も再手術が必要になる可能性もあります。

できるならば、猫の尿道結石症は手術をしないで、小さな治療にとどめておくほうがいいのです。

医学界の過ち、否定された手術

ヒトの世界にも過去には盛んに行われていたが、現在では否定されている手術がたくさんあります。扁桃（腺）切除手術や乳ガンを胸筋ごと切除するハルステッド手術がその好例です。

この事実から推測すると、今現在盛んに行われている手術も、将来廃止される可能性があるということになります（229頁「病院では最善の治療をしてくれるか？」の項参照）。

病院で外科的治療が勧められる背景には、金銭的な問題がからんでいないとはいえません。例えば、胃潰瘍を内科的に治療するのと、外科的に治療するのとでは、かかる費用（病院の収入）に雲泥の差があります。ヒトの大病院では、あるひとつの症例に対し外科と内科で治療法に関して意見が分かれた時には、ほとんど外科の意見が採用される、と内科医から聞いたことがあります。

術後生存率を上げるために外科医がするべきこと

外科医としては、自分が手術をするからにはなんとしても成功させたいと思います。難しい手術ならなおさらです。そのためにはまず一生懸命に技能を磨きます。私も犬の心臓からフィラリアを摘出する手術を実際に行う前には、死体犬を使って何度も練習しました。ミズーリ大学で研修を受けている時には、冷凍保存してあった死体犬を使って、椎間板ヘルニアの最新手術の練習もしました。

しかし、技能を磨くだけでは不十分です。

次に、手術を成功させるためにするべきことは症例選びです。例えば、ガンの手術を評価する基準のひとつに、術後五年生存率という数値がありますが、この数値を上げて名医といわれるためにも、症例選びは大切です。状態の悪い症例はなるべく避けて、元気な（手術が必要のないほど？）症例ばかりを手術するように努めるのが一つの方法です。そうすれば、術後五年生存率は確実に上がります。逆に考えれば、術後五年生存率が高くても名医であるとは限らないということです。

一九六八年、日本で初めて行われた心臓移植手術では、手術をする必要のないほど元気な患者の心臓を取り除き、もっと熱心に治療していれば助かったかもしれない元気なヒトの心臓を、その患者に移植した疑いがある、と大問題になったのは記憶に新しいところです。

手術は最後の手段にするべきである

フィラリア吊り出し手術や腸閉塞に対する開腹手術は、受けないとほぼ間違いなく死にます。ですから、危険があっても、また術後に後遺症が残っても受けるべきだと思います。

しかし、手術以外に選択肢がある場合はよく考えなければなりません。安易に手術の同意書に署名して後悔しているヒトやそのご家族が大勢います。

その昔、手術をする前にはその対象となる症例を慎重に選択していました。その理由の一つは麻酔に大きな危険があったからです。今日、医学の進歩により麻酔が昔より安全になりました。

しかし、その反面、手術を安易に選択しすぎる傾向があると思います。

昔と比べたら安全になったとはいえ、今日でも麻酔には危険があります。私も動物の麻酔で何度か麻酔事故だと思われる症例を経験しています。麻酔事故が起きる確率を数字で表すのは難しいとは思いますが、中公新書『麻酔と蘇生』の中で、著者である岐阜大学医学部麻酔科の土肥修司教授は、次のように述べています。

「一九六二例の麻酔中に五例の心停止が発生した、と医学専門誌『麻酔』（一九八九年）に報告されているが、これが日本の現状を表している」。

一九六二例中五例というと、約三九二例に一例ということになります。

また、一九九八年、日本麻酔学会は、手術一万例につき七・二五件の麻酔による死亡例があったと報告しています（読売新聞）。これを死亡率に直すと一三七九例に一例ということになります。これは麻酔専門医のいる病院だけの統計です。麻酔専門医のいない病院も多々あります。

ちなみに、三つのさいころを同時に振って、三つとも一が出る確率は二一六分の一、四つ振って四つとも一が出る確率は一二九六分の一です。外科手術に伴う危険はこの麻酔による危険と、手術そのものによる危険を加えたものです。

一八〇四年一〇月一三日、世界で初めて全身麻酔をして乳ガンの手術を行った華岡青洲の時代

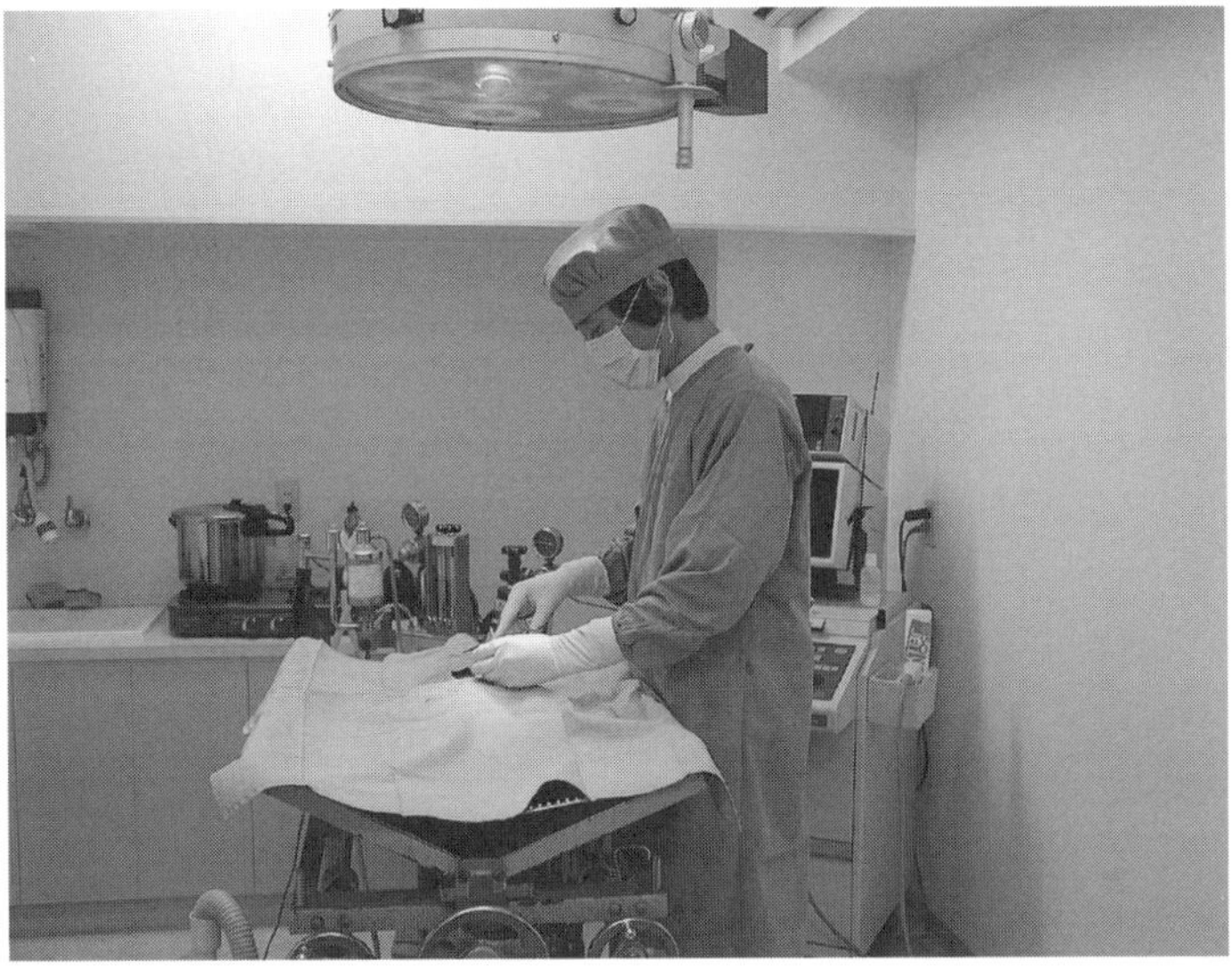
手術は外科医に恍惚感をもたらす。

と比べると、麻酔や手術は随分安全になりました。しかし、限界はあります。もうすでにその限界に来ていると私は思います。いくら医学が進歩しても、人為的に痛覚を麻痺させて肉体にメスを入れるという行為から、危険がなくなることはないでしょう。
どんな病気であれ、手術はできるだけ避け、どうしても必要な場合にだけ、最後の最後の手段として手術を選択するべきであると私は思います。それで手遅れになることはないと思います（145頁「「手遅れになるところでした」のウソとホント」の項参照）。

抗生物質が救った命と奪った命

抗生物質の益と害

抗生物質は二〇世紀最高の医学的発見のひとつだといわれています。確かに抗生物質のおかげで多くの動物やヒトの命が救われてきました。特に重症の細菌性肺炎や尿路感染症に、抗生物質は抜群の効果を発揮します。また、抗生物質を術前に使用することにより、手術がより安全になりました。手術後の細菌感染が減少したのです。

抗生物質には細菌を殺したり、細菌の増殖を抑えたりする働きがあります。しかし、細菌よりも小さな生物であるウィルスに対しては効果がありません。風邪はウィルスが原因ですから、風邪には抗生物質は効かないということです。効果がないのに抗生物質を投与すると、副作用だけが残ることになります。効果のある薬には必ず副作用という害があります。抗生物質も例外ではありません。

動物に抗生物質を投与すると多くの腸内細菌が死滅してしまいます。腸内には五〇〇種類、一〇〇兆個もの細菌が生息しているのです。便の重さの約三分の一は細菌です。腸内細菌には動物にとって有益なものと有害なものがあり、腸の中で両者はバランスよく生息しています。

しかし、抗生物質を投与すると、抗生物質に効果（感受性）のある細菌だけが死滅します。というのも、抗生物質はすべての細菌に効果があるわけではなく、その種類により効果のある細菌と効果のない細菌があるのです。

Aという抗生物質の投与により腸内の抗生物質A感受性細菌が死ぬと、そのライバル関係にある抗生物質Aに感受性のない細菌群が大増殖します。その中には動物にとって有害なものが含まれています。

このようにして発生する有益な細菌の死滅と、有害な細菌の大増殖、これが抗生物質の副作用を引き起こすひとつの原因です。

私も抗生物質の副作用と思われる症例を少なからず経験しています。私が経験した副作用は下痢や便秘といった胃腸症状がほとんどですが、特異な例として、長く飲んでいた抗生物質を止めたら、猫の膀胱炎が完治したということがありました。抗生物質には膀胱炎を長引かせるという副作用があるようなのです。

ヒトの場合にも、投与していた抗生物質を止めたら、原因不明の発熱が引いたという例があるそうです。抗生物質には発熱という副作用もあるのです。その他にも、抗生物質の副作用として、重大な皮膚炎や神経症状、失明、ショック死などが報告されています。

薬の損益分岐点

薬には損益分岐点があると思います。薬の損益分岐点をどこに置くかはヒトによって異なります。経済の損益分岐点のように、薬の損益分岐点を算出する数式は存在しないのです。

新米獣医師の頃、私の薬の損益分岐点は益の方に大きくシフトしていました。「薬が病気を治すのだ」、「手術が病気を治すのだ」、「医学が病気を治すのだ」、と私は固く信じていたのです。特に抗生物質は値打ちのある薬だと考えていました。ですから海外旅行には必ず抗生物質を持って行きましたし、まだ小さかった長男が発熱したら、迷わず小児科医院で出された抗生物質を飲ませました。

しかし、動物病院で動物たちと共にいろいろと経験を重ねるうちに、薬に対する考え方が変わってきました。その経験とは、次のようなものです。

「薬を止めたら病気が治った」

「薬を止めたら急に元気になった」

「薬を使わなかったら薬を使った場合より早く病気や怪我が治った」

薬の副作用と思われる死亡例も経験しました。今ではほとんどの病気や怪我は薬を使わないほうが、早く治ると考えています。もっと正確にいえば、ほとんどの病気や怪我は医療行為を受けないほうが早く治り、医療行為を受けないほうが楽であり、その上医療行為を受けないほうが予後がいいと考えています。私の考える医療の損益分岐点が、損の方に大きくシフトダウンしたのです。


抗生物質に関しても同様です。三人目の子どもが生まれた頃には、子どもたちが熱を出しても決して抗生物質を飲ませませんでした。

その昔、抗生物質がなかった時代、子どもの死亡率が高かったのは事実です。しかし、それは抗生物質がなかったからではないと思います。昔の子どもの死亡率が高かったのは、栄養不良や劣悪な生活環境など、衣食住すべてにおいて、ヒトが動物として過酷な暮らしをしていたところにその原因があったのだと思います。

私と抗生物質との付き合い

動物から教えてもらった情報により、私は自分自身に対しても薬に対して非常に慎重になりました。抗生物質は数ある薬の中でも値打ちのある薬だとは認めますが、副作用が怖くてよほどのことがなければ飲みません。

私が最後に抗生物質を飲んだのは一〇年ほど前です。診察中に大型犬にひどく手を噛まれたのです。普通の傷ならば水道水で洗浄するだけにしておきますが、その傷は骨にまで達し、深くて十分に洗浄できない状態でした。ですから、噛まれた直後に一回だけ合成ペニシリンを飲みました。それ以降も今日まで私の身の上に、常識的には抗生物質の投与が必要とされるかもしれない、次のようないくつかの事件がありました。

私の事件簿①——食中毒

食中毒になりました。

鯵の刺身が原因です。遠くの市場で売れ残り（？）の刺身を買い、氷で冷やしもせずリュックに入れて、炎天下に自転車で四〇分もかけて帰りました。その夜ちょっと臭うなとは思いながらも半分食べ、翌朝残りを食べました。食べ物を捨てるという勇気がなかったのです。今思えば食中毒を引き起こす人体実験みたいなものです。

案の定、嘔吐、下痢、発熱という中毒症状が時間単位で進行していきました。その次の朝は、病院のシャッターを上げる力がない状態でした。しかし、食中毒に抗生物質を使うべきではないし、下痢や嘔吐も薬で止めないほうがいいと私は確信していますから、医学的な治療は受けませんでした。点滴輸液だけは受けるかどうか迷いましたが、吐き気は半日で止まったので、口から頻繁に少しずつ水分を補給することで脱水に対処しました。

私の事件簿②——自転車で転倒

自転車で転倒して、顔面をはじめ全身にかなりひどい傷を負いました。目撃したヒトが救急車を呼ぼうとしたほどです。

私の事件簿③——バイクと衝突

私の乗っていた自転車とバイクが衝突して肋骨を折りました。胸に激痛が走るのでくしゃみができませんでした。肋骨が何本か折れていたのは間違いありません。しかし、肋骨が折れていても何も医学的治療を受けるつもりがないので、レントゲン検査は受けませんでした。

私の事件簿④――猫引っかき病

猫に引っかかれて傷の周囲がひどく腫れました。猫引っかき病というバルトネラ菌感染症です。

私の事件簿⑤――一週間続いた発熱

三九度五分の熱が一週間続きました。

「朋有り、遠方より来る。亦楽しからずや」。遠く九州から久しぶりに友達が訪ねてきてくれました。私はその日あいにく風邪気味だったのですが、嬉しくて調子に乗って飲みすぎ、あげくの果てに二人で雨の中をびしょ濡れになってネオン街をさ迷い歩きました。その翌日から高熱に見舞われたのです。

などなどいろいろなことがありましたが、副作用が怖くて抗生物質は飲みませんでした。頭の中で抗生物質の効果と抗生物質の副作用を天秤にかけて、益より害の方が大きいと判断したわけです。

その結果、いずれの場合も、もし抗生物質を使っていたらこんなに早く治っていなかったであろう、というほど早く治ったと私は確信しています。

妊婦さんの場合

妊婦の方も概して薬には慎重です。妊娠中に薬を飲むと、お腹の中の子どもに悪影響があるかもしれないという知識が浸透しているからです。賢明なことだと思います。それでも、妊婦の方の病気はほとんど治っています。たぶん抗生物質などの薬を飲んだ場合より早く治っていると思います。

しかし、妊娠中にはあんなに薬に慎重だったのに、出産して妊婦ではなくなると、また薬大好き人間に戻ってしまうヒトが多いように思います。薬が病気を治すという信仰は人々の心の中に相当深く染み込んでいるようです。

抗生物質が力を持った理由

だれでもたまには風邪を引きます。風邪などの病気になり、そして病気から回復するということを繰り返しながら、ヒトは自然と調和していくのです（98頁「動物（ヒト）はなぜ病気になるのか？」の項参照）。しかし、苛酷な生活を強いられていた過去には、風邪をこじらせて細菌性の重症肺炎になり、命をなくしていたヒトが多かった時代がありました。

ところが、一九二九年に細菌に特効のあるペニシリンという抗生物質が発見され、一九四一年になって初めてヒトに使われました。その二年後、一九四三年には抗生物質が化学的に合成され、世界中で大量に使われるようになりました。医者が重症肺炎の患者に、どんどん抗生物質を投与できるようになったのです。

その結果、それまでは亡くなっていたような重症肺炎の患者が、奇跡的に回復するという例が続出しました。医学の力を人々にまざまざと見せつけたわけです。そんな事例もあって、「病気はお医者様が医学の力で治してくださるのだ」という信仰が、広く、そして深く、人々の心の中に入っていったのだと思われます。

しかし、その医学信仰が広まるに従い医療による害も増えていったのです。抗生物質が効く細

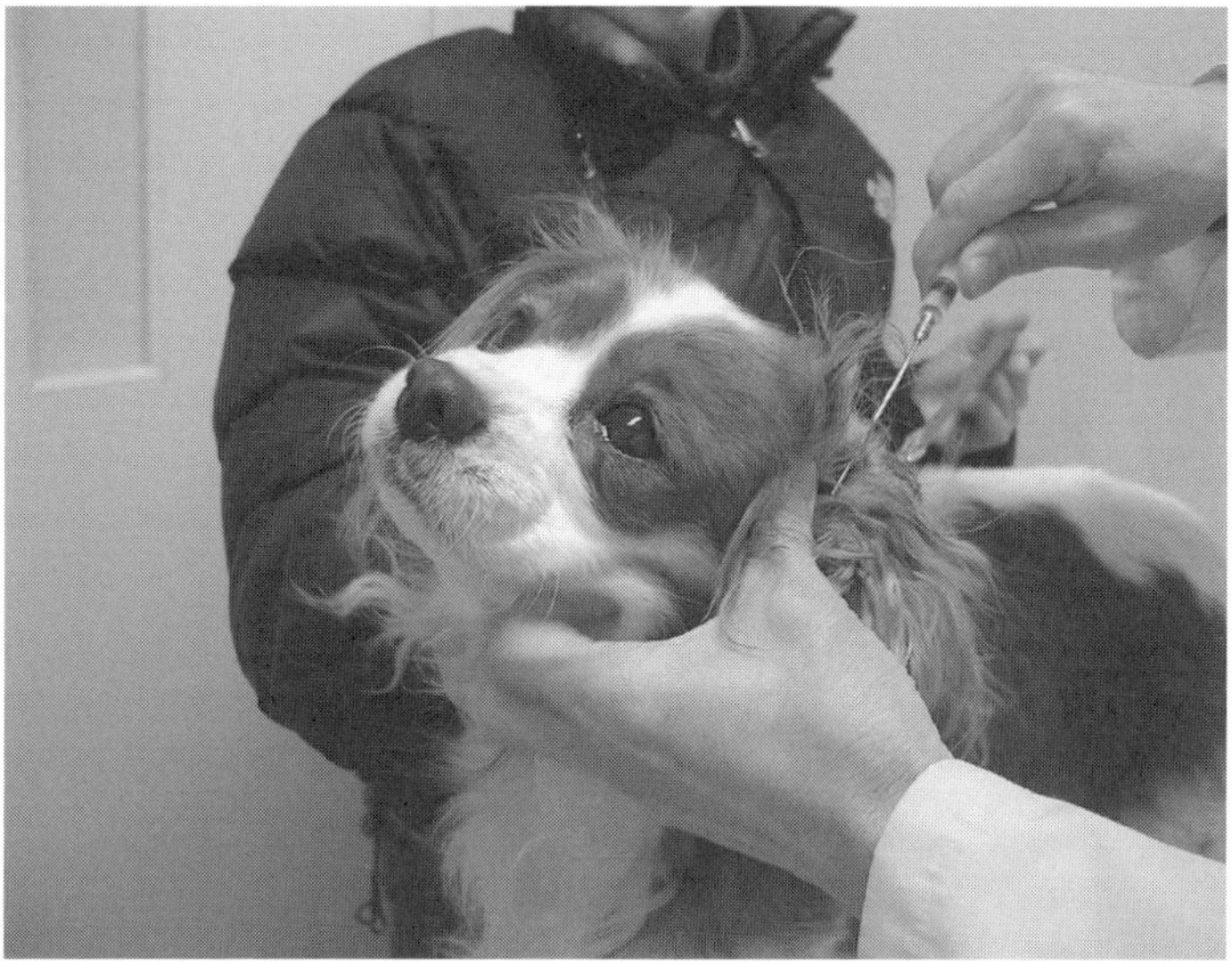

ボクの外耳炎、真犯人はカビや細菌ではない。

菌と効かない細菌があるように、病気には医学の力で治るものと医学の力では治らないものがあります。医学の力で治らない病気を医学の力で治そうとすると、かえって悪くなります。

つまり、医療行為を受けることにより苦しみが増すか、苦しみが長引くか、あるいは死期が早まることがあるのです。医療行為には必ず害が伴うからです。

細菌感染症の真の原因は細菌にあるのではない

その昔、多くのヒトが風邪をこじらせて細菌性の重症肺炎になってしまった真の原因は、細菌という生物にあるのではないのです。

細菌感染症の真の原因は、極端に不衛生で快適ではない生活環境とか、栄養不良とか、苛酷な労働を余儀なくされていたこと、などヒトの側にあったのです。つまり、精神的および肉体的に強いストレスを伴う不適切な生活が、細菌に病原性を持たせてしまったのです。養鶏場の鳥が感染症にかかるのと同じです。野生動物のように自然と調和した暮らしをしていると、細菌が体内に侵入しても簡単に肺炎などになるものではありません。

ヒトという動物が、動物として不適切で苛酷な生活をしていた時代に、抗生物質の害と益を比べると、はるかに益の方が大きかったでしょう。その時代にも抗生物質の副作用で死んだヒトが少なからずいたはずですが、抗生物質によって助けられた命のほうが多かったので、その害は取るに足らないものだったのです。しかし、今日の日本では、抗生物質の害は益を優に越えていると私は思います。

抗生物質にはさまざまな害がありますが、その中で一番大きな害は、「医者および医学に実力以上の力を与えることに加担した」ということかもしれません。

点滴にはどんな効果があるのか？

点滴に栄養補給の意味はない

脱水して歩けないほど弱っている動物に点滴輸液をすると、見る見るうちに元気になることがあります。医学の力をまざまざと見せつけられる場面です。動物は飢餓には強いですが脱水には非常に弱いのです。血管に中空の針を刺して直接薬液を注入するという手法は、偉大な医学的発明の一つだと思います。

点滴輸液の主な目的は脱水してドロドロになった血液を水で薄め、サラサラにすると同時に、不足している電解質を補うことです。栄養補給の意味はありません。点滴輸液で動物が元気になるのは、主に血液の循環が良くなるからであって、栄養とは関係がありません。

「食欲がないので、食べなくてもいいように栄養剤を点滴してやってください」というヒトがいますが、それは無理です。栄養は口から摂取するべきものです。そもそも普通の点滴には栄養を入れることはできません。血管が変性してしまうからです。

点滴で栄養を入れるための中心静脈法という特殊な方法があります。心臓の近くの太い血管までカテーテルを入れて、少しずつ栄養剤を注入するのです。小腸を大きく切除したために、栄養を吸収できなくなった場合などには、効果的な方法です。

しかし、血管の中にカテーテルという異物を長く入れておきますから、細菌感染など様々な危険を伴います。死亡例もあります。現実には、そんな危険を冒してまで点滴で栄養を入れる必要があるケースは、極めて稀だと思います。輸血と同様に、益がないことはないが大きな危険を伴う医療行為です。決して安易に受けるべきものではないと思います。

動物は飢餓には強いのです。阪神大震災の時には瓦礫の下に閉じ込められた犬が、足元に流れていた水だけを飲んで生き延び、地震から三週間後に救出されて話題になったことがありました。また、私の後輩に、減量のため一〇日間水以外のものをほとんど口にしないでボクシングの試合に出た男がいました。その試合は散々な結果に終わりましたが、ヒトという動物も一週間や一〇日間食べなくても大丈夫だという証明ではあります。

点滴輸液は水分が摂取量以上に喪失している場合に限り有効である

もし、下痢があっても吐き気がなく水を飲めるのなら、普通は点滴輸液の必要がありません。水分も電解質も口から摂取したほうが安全です。発展途上国では子どもの下痢に、国連の援助で経口補液剤が使われているのは有名な話です。口から水を飲めるのに点滴輸液をするのは、雨の日に庭の植木に水をまくようなものです。

「疲れたときには点滴をすれば元気になる」と信じている飼い主さんもいます。しかし、点滴で疲れを取ることはできません。点滴で元気になったとすれば、それは心の作用だと思います。点滴してもらったのだから元気になるはずだ、という思い込みで一時的に元気が出るのです。おまじないみたいなものです。それとも、カフェインとかエフェドリンなどの興奮剤が点滴輸液の中に入っていたのでしょう。

疲れたときには点滴を受けるのではなく、休むことです。薬を飲んだり、点滴を受けたりして疲れを取ることはできません。しかし、日頃忙しいヒトがゆっくり時間をかけて点滴を受けるという医療行為には、その間だけでもゆっくりからだを休めるという意味があるのかもしれません。ただそれだけです。

本来は、脱水症状のない動物に点滴輸液をしても意味がありません。ビタミン類ももし必要ならば点滴で入れるより、口から飲んだほうが安全です。ついでながら、ビタミン欠乏症ではない動物にビタミン剤を投与すると、ビタミン過剰症になる危険があります。

点滴輸液をしすぎると楽に死ねない

点滴という医療行為を過大評価しているヒトが多いように思います。

確かに点滴輸液は、値打ちのある医療行為だと思います。「生かすも殺すも輸液しだい」という言葉があるほどです。食中毒などで嘔吐がひどくて水も飲めないような状態の時には、点滴輸液は命を救う治療法になります。

しかし、点滴輸液にも害があります。例えば、点滴と共に体内にばい菌が入って感染症になる危険があります。また、過剰な点滴輸液は肺水腫や脳水腫を引き起こし、死につながります。過剰な輸液は脱水より怖いほどです。

あとひとつ、点滴輸液には大きな問題があると思います。それは点滴輸液によって、動物が楽に死ねなくなる可能性があるということです。自然界では動物は終末期を迎えると、枯れ木のようになって死んでいきます。そばで見ていても、その死は安らかで決して苦しそうなものではあ

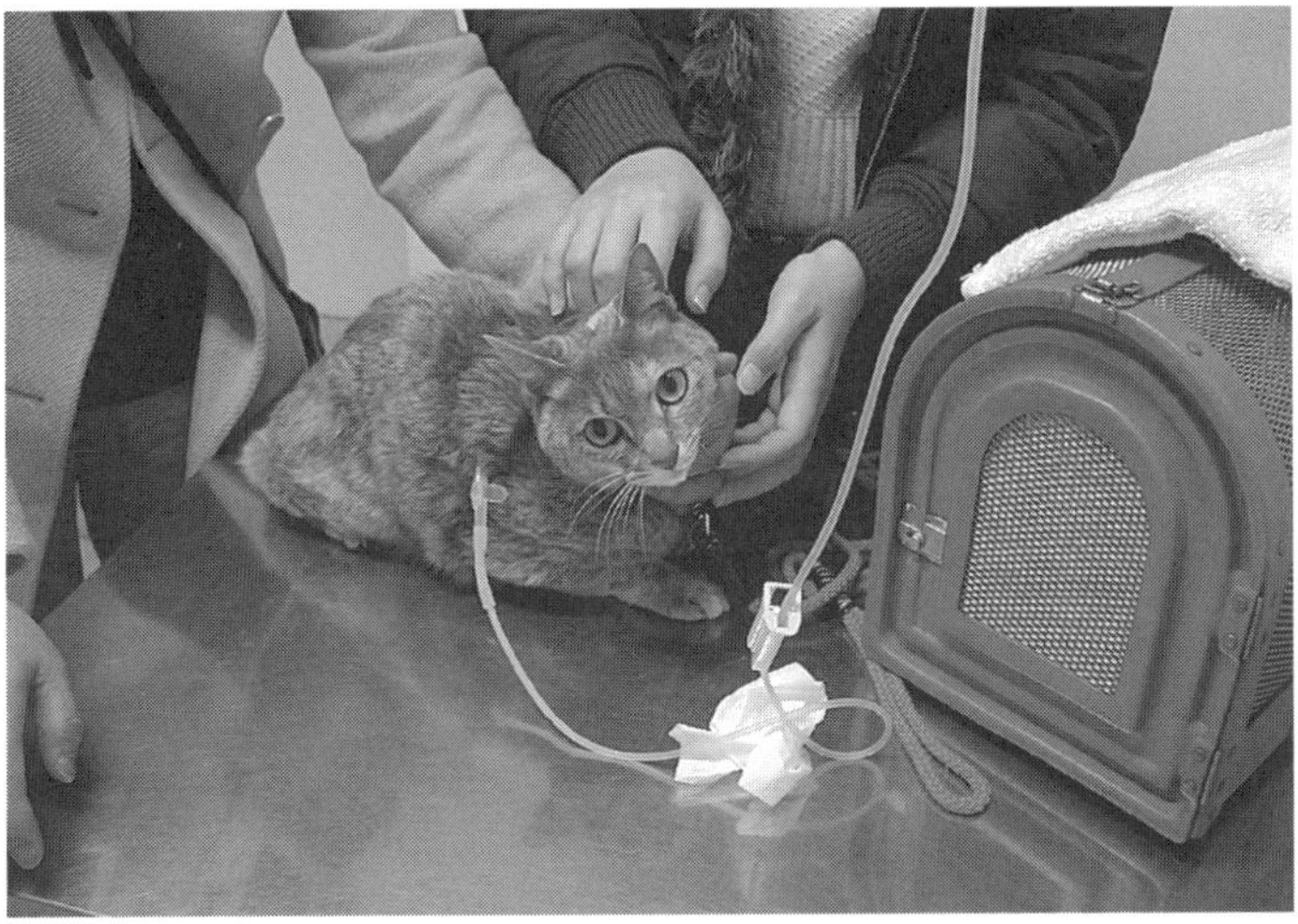

水を飲めない時には、「生かすも殺すも輸液しだい」。

りません。

しかし、老いて死が近づいている動物に、毎日大量の点滴輸液をすると水ぶくれ状態になってしまい、枯れ木のようになることができません。点滴輸液を受けて楽になるのならばいいのですが、逆に呼吸が苦しくなって、死がつらいものになってしまうのでは意味がないと思います。

動物の死は誕生と同じく自然の営みです。死に際して、あまり医学的な介入をするべきではありません。ヒトの場合も事情は全く同じだと思います。

私は自分自身の終末期には、点滴輸液、気管切開、人工呼吸器装着、中心静脈への高カロリー栄養輸液、輸血、などの医療行為をしないようにリビングウィルにしたためています。

性格は何で決まるか？

欧米にはおとなしい犬が多い

新米獣医師として燃えていた頃、私はよく犬に噛まれました。一番印象に残っているのは、大型犬の外耳炎の治療中に手を噛まれて、親指の爪が一瞬のうちに根元から剥がれてしまったことでしょうか。あの時は指を噛み切られなかったのが幸いでした。

顔を噛まれたこともあります。中型犬を後ろから抱き上げようとした時、その犬が急に振り向いて私の顔を噛んだのです。私は顔面血みどろになり、それを見た私を噛んだ犬の飼い主さんが真っ青になっていました。私の顔の傷は頬を貫通していたので、鏡を見ながら自分で一針縫合しました。今思い返せばどれも懐かしい思い出です。

しかし、最近ではあまり噛まれなくなりました。犬の扱いに慣れてきたということもありますが、それより、犬の顔とか表情を見ただけで、その犬の性格がわかるようになったことが大きいでしょう。

噛みそうな犬はいかにも噛みそうな顔や噛みそうな表情をしています。最近はそれがわかるので、噛みそうな犬は、心して診察するようにしているのです。

このように獣医師の仕事には多少の危険があります。しかし、一九七〇年代の終わり頃、ミズーリ大学獣医学部付属動物病院で、獣医の修行をしていた時は仕事が楽でした。日本と違って、反抗的な犬や噛む犬がほとんどいないのです。さすがにアメリカの犬は行儀がいいな、と感心したものです。

その後も、ネバダ、フロリダ、アラスカの友人の動物病院を訪れて短期間仕事を手伝いましたが、攻撃的な犬に出会ったことはほとんどありません。そういえば、イギリスやドイツでも犬は従順で、デパートのような人ごみの中でも、みんな平気で犬を連れているといいます。

ところが、日本には反抗的な犬が多いのです。爪を切るのにも大暴れすることが少なくありません。飼い主さんの中には、自分の飼っている犬に噛まれて大怪我をしているヒトもいます。自分の飼い犬に噛まれて、三度も救急車で運ばれたヒトを私は知っています。

しかし、飼い犬に噛まれても、噛んだ犬を手放そうとするヒトはほとんどありません。むしろ、自分を責めておられます。「犬が小さい時に可愛がるばかりで、ちゃんとしつけをしなかったからだ」というのです。犬はちっとも悪くない、悪いのは飼い主である、という考えです。

性格環境決定説

性格が遺伝と環境の両方の影響を受けて形成されるものであるのは間違いありません。しかし、どちらの影響力が強いのか、専門家の間でも意見が分かれています。どうやら、日本人は、ヒトも動物も脳はほとんど白紙の状態で生まれ、生まれてから後の環境刺激により形成されていくものである、という性格環境決定説を支持しているヒトが多いように思います。環境刺激にはしつけや教育も含まれます。

その説の正しさを証明しているという次のような「実話」が指摘されています。それは幼くして狼にさらわれ、狼に育てられたという、いわゆる狼少女の話です。

「一九二〇年にインドのミドナプールのジャングルで、狼に育てられた少女二人が発見されました。年下の少女はアマラ、年上の少女はカマラと名付けられ、発見者シング牧師の孤児院で育てられることになりました。この二人は姉妹ではなく、別々に狼に連れてこられ、育てられたのではないかと思われました。

この子たちはまさしく「狼」でした。四つ足で走り、地面に置かれた皿から手を使わずに飲み食いし、死んだ鳥の肉をむさぼり食い、夜には遠吠えしました。暗闇を恐れないだけでなく、暗闇で物を見ることができたそうです。

年下のアマラは発見されてから一年足らずで死亡してしまいましたが、年上のカマラは約九年間生き続けました。カマラは成長の過程で少しずつ人間らしさを取り戻しましたが、推定一七歳で亡くなるまでに、三、四歳の知能までしか発達することができず、三〇語ほどしか話すことができませんでした」。

実にドラマチックな話です。もしこれが実話ならば、確かに性格環境決定説を強く支持するものです。ヒトの赤ちゃんでも狼に育てられれば狼にでもなりうる、それだけ環境に大きく左右されるものであることを示しているからです。ヒトには環境、とりわけ教育が大切であることを強調する時に、よくこの話が引用されます。

しかし、動物学者の戸川幸夫氏が実際に現地に行って確かめたところによると、二人の少女が発見されたという村は実在せず、また、インドにはこの二人の他にも狼に育てられたという話が数多くあるわりには、それが真実であることを証明できる例はひとつもなかったということです。

幼児期に厳しくしつけても噛む犬は噛む

実は私も性格環境決定説を支持していました。狼少女の話も真実だと信じていました。また、欧米の犬がおとなしいのは、欧米人が犬を幼児期に厳しくしつけるからであると考えていました。欧米では日本と違って、犬もヒトも幼児期にこそ厳しくしつけなければならないというのが常識になっている、これは事実です。しかし、動物病院でいろいろと経験を積み、観察を続け、そして、自分でも三人の子どもを育てるうちに、性格環境決定説に疑問を持ち始めました。

今では、動物の性格は生まれてからの環境や、しつけや、教育によって多少修飾されるものの、根本的には生まれつきにほとんど決まっているものである、と確信しています。

その理由は、育った環境と性格とに大きな相関性があるとは思えないからです。私の経験と観察によると、幼児期にどんなに厳しくしつけても、ヒトを噛む犬は噛みますし、その逆に幼児期にどんなに甘やかしても、ヒトを噛まない犬は決して噛みません。ヒトを噛むという性格は幼児期の環境とは関係がないのです。生まれつきのものなのです。

次のような事実もあります。

犬は生後五〇～六〇日で、初めて動物病院に連れてこられます。第一回ワクチン接種です。生後五〇～六〇日齢というと、離乳してからまだ二～三週間しか経っていません。まだ母犬や一緒に生まれた兄弟との結びつきのほうが強く、ヒトとの関係は希薄です。生まれてからの環境が性格を形成するとしても、まだその時間は十分ではないと思われます。

しかし、この時期すでに、ヒトとの社会生活に適さない性格の犬は、その片鱗をみせています。反抗的な犬は最初のワクチンを打つ時に、つまり生後たった五〇～六〇日齢で、すでに反抗的なのです。この事実は、犬の性格は生まれつきに決まっているものであることを強く示唆しています。

また、野良猫の子として公園で生まれ、ヒトとの接触がほとんどなく育っても、人なつっこい性格になる猫もいれば、生まれてすぐに親から離し、愛情深く哺乳瓶で育てても、ヒトになつかない性格の猫になることがあります。猫の性格も生まれつきに決まっているとしか考えられないのです。

共食いをしないハムスターは共食いをしないハムスターを生む

ハムスターの性格も生まれつきに決まっているようです。

ハムスターの中には共食いをするという性格のものがいます。しかし、共食いをするハムスターを人為的に淘汰して、共食いをしないハムスター同士を掛け合わせ続けると、やがてほとんど共食いをしないハムスターばかりになるそうです。この事実は、性格は遺伝によって決まることを示しています。

欧米におとなしい犬が多いのもハムスターの場合と同じ理由だと思います。欧米ではかなり昔からヒトがほぼ完全に犬の繁殖を管理しています。つまり、飼い主さんの気がつかないうちに犬が妊娠してしまう、という事態が少ないのです。

そして、欧米では昔から犬を繁殖させる際、外観だけではなく性格を重視し、ヒトを噛むような性格の犬はオスもメスも繁殖に使わないように努めてきたのです。その結果、噛む犬は人為的に淘汰され、極めて少数になっているのです。そういえば、最近は日本でも犬の繁殖をほとんどヒトが管理していますから、随分噛む犬が減ってきたように思います。

ヒトも同じだと思います。ヒトには県民性や国民性というものが確かに存在しますが、それは環境が形成するものではなく、ハムスターの場合と同様に、同じような気質を持ったヒト同士が、長年に渡りかけ合わされた結果であると思います。限られた地域ではそれだけ血が濃くなっていることの証明です。

活動している遺伝子で性格が決まる

動物の性格は主に遺伝子が支配していると思います。しかし、遺伝子はそのすべてが活動しているわけではありません。活動している遺伝子はほんの一部なのです。そして、動物の性格は活動している遺伝子によって決まるのだと思います。

例えば、共食いをするハムスターは「共食い遺伝子」が活動し、共食いをしないハムスターは共食い遺伝子を持っていないか、あるいは、共食い遺伝子を持っているがそれが眠っているのです。

どの遺伝子が活動し、どの遺伝子が眠らされるのか、それには何か別の力が作用していると思います。その力は三つあります。

そのひとつは自然淘汰です。自然淘汰により生存や子孫繁栄に適した遺伝子が活動し、生存や子孫繁栄に適さない遺伝子は眠らされるのです。自然淘汰は動物の肉体的な特長だけではなく、性格にも及ぶのです。

ふたつ目は環境です。共食い遺伝子を持っているハムスターでも、過密ではない環境で、食糧が十分にあり、ゆったりと暮らしていたら、決して共食いをするものではありません。不自然に過酷な環境が共食い遺伝子を活性化するのです。

しかし、性格の本質はあくまで生まれつきに決まっているものであり、過酷な環境によって眠りから覚めさせられた性格は、あくまで一時的なものです。その動物の性格の根幹をなすほど主要なものではありません。

ヒトの場合にも、環境刺激が眠っている遺伝子を活性化することがあると思います。例えば、殺人について次のような説を聞いたことがあります。

「ヒトには殺人遺伝子というものがあり、殺人遺伝子を持っているヒトと持っていないヒトがいる。殺人遺伝子を持っていないヒトはいかに恵まれない環境で育っても、いかに抑圧された環境下に置かれても、決して殺人を犯さないが、殺人遺伝子を持っているヒトは、それが環境刺激により活性化されると殺人を犯してしまうことがある」。

というものです。説得力があると思います。

三つ目の力、それは自然淘汰でもなく、環境刺激でもない、未知の力です。

多重人格者は活動している遺伝子が次々変わる

多重人格という精神医学用語があります。多重人格とは一人のからだに明瞭に区別できる複数の人格が潜んでいる病的な状態をいいます。多重人格のヒトに対し、Aという人格が出ている時に医学的検査をするとアレルギーや薬物過敏症の所見があり、Bという人格が出ている時に医学的検査をするとそれがない、ということがあるそうです（『奇跡的治癒とはなにか』バーニー・シーゲル）。表に出ている人格によって体質まで変わっているのです。

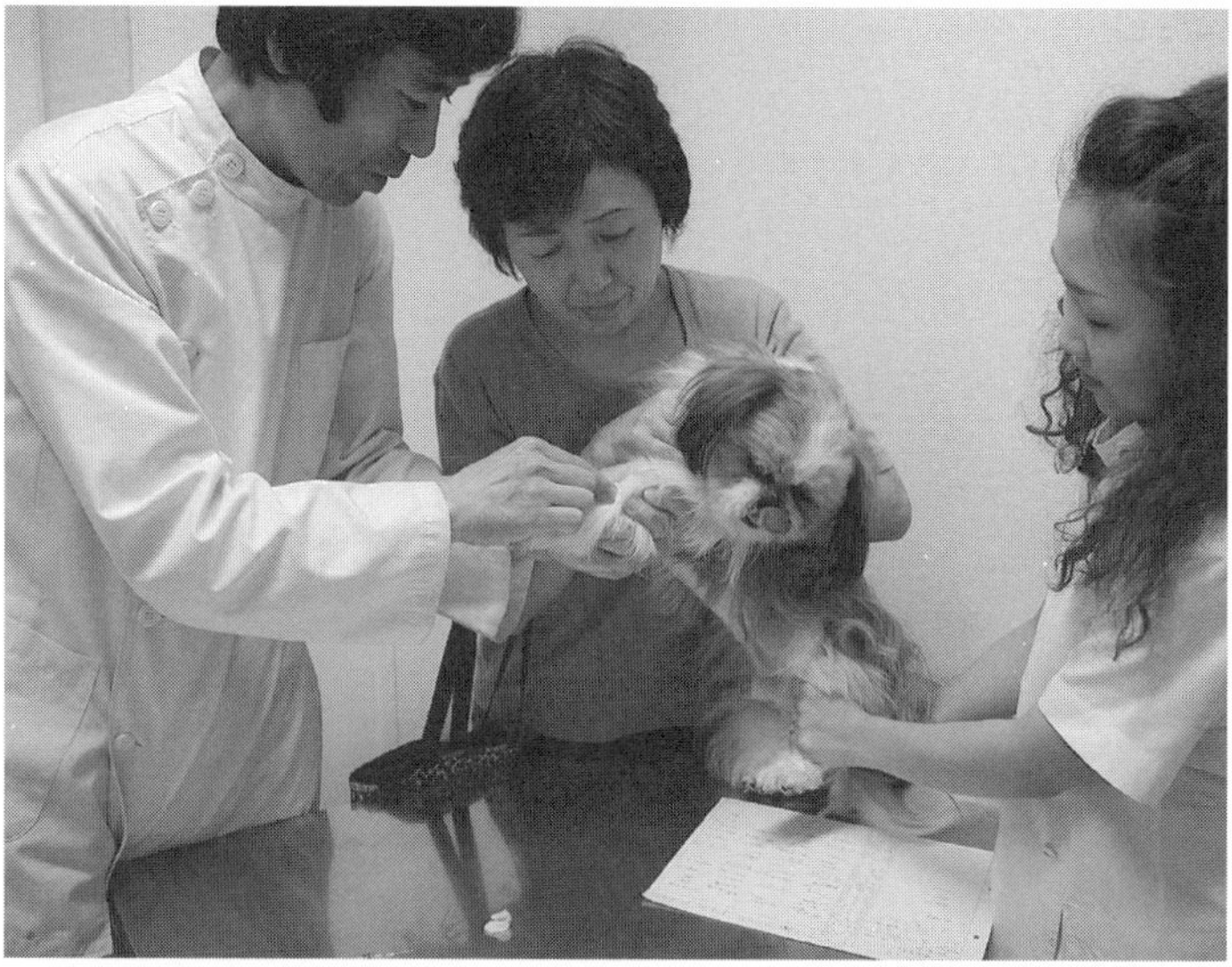

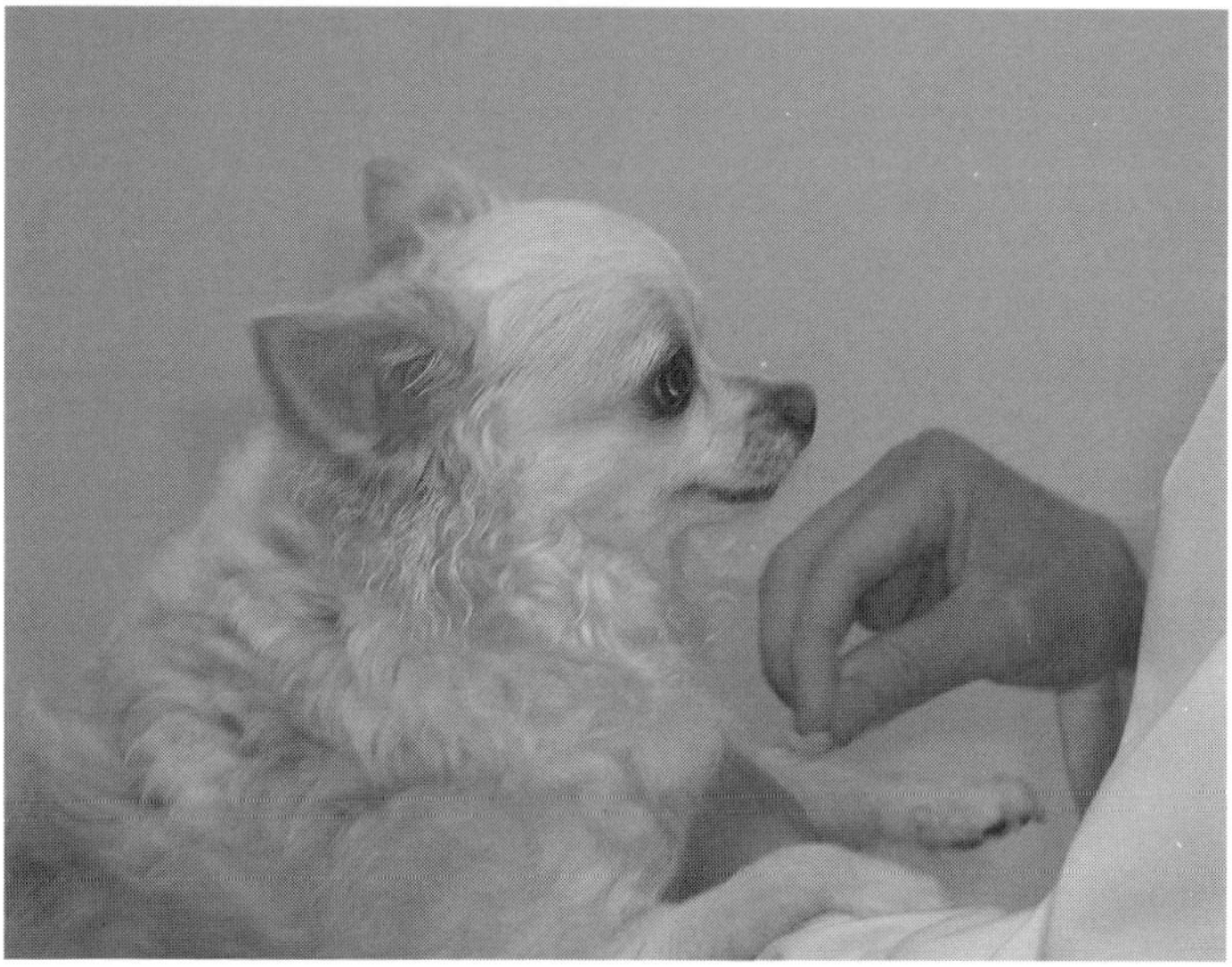

「毛深くてやりにくいでしょうけど、採血よろしくお願いします。」

この多重人格のヒトの場合も、活動している遺伝子が次から次に変わると考えれば、性格が変わっても、体質が変わっても不思議ではありません。遺伝子は動物のからだの設計図であると同時に心の設計図でもあります。活動している遺伝子が変われば心身ともに変わるのは当然です。

多重人格のヒトは、何か未知の力によって、本来は眠っているはずの遺伝子が活動を始めてしまうのかもしれません。それが何であるかはわかりません。私は無意識の心の働きが、遺伝子を活動させたり眠らせたりするスイッチと関係があるような気がしています。

三つの性格決定因子——遺伝、環境、未知の力

幼児期の環境が動物の性格を決定するものではないと思います。性格は遺伝によって決まるといっても過言ではないと思います。別々に育てられて成人した一卵性双生児の場合も、職業は芸術家とコンピューター技師などと全く異なっていたりしますが、彼らの性格には驚くほど似ているところが多いといいます。

性格は遺伝によって形成され、それが何か未知の力によって活性化され、そして生後の環境によって修飾されるものであると私は考えています。

ヒトを噛む犬を飼っておられるヒトに申し上げます。あなたの犬がヒトを噛むのはあなたの責

任ではありません。それはあなたが悪いのではなく、あなたの運が悪いのです。

自分の性格が嫌いだというヒトに申し上げます。自分の性格を生まれ育った環境のせいにしてはいけません。あなたの性格はあなたのご先祖様から受け継いだものです。顔かたちやスタイルと同じです。自分の性格はそのまま受け入れて、末永くつきあってやってください。

しかし、顔かたちやスタイルとは違い、表に出ている性格は変えることができます。それにはふたつの方法があります。

ひとつは、共食いハムスターを豊穣の大自然に帰すという方法です。つまり、過酷ではない穏やかな環境に身をおくことによって、今盛んに活動してしまっているが、元々は眠っているはずの遺伝子を寝かしつけるのです。そして、本来の自分を取り戻すのです。

ふたつ目の方法はその反対です。ハムスターを過密で食糧不足の環境におくのです。つまり、環境を変えることによって、あなたの眠っている遺伝子を呼び起こすのです。

どちらも無意識の世界で行われるものですが、大脳が特別に発達しているヒトという動物は、意志の力である程度自分の環境を変えることができるはずです。

医者がストライキをしたらどうなるか？

医者がストライキをすると病院の死亡率が下がる

アメリカのある大病院で一ヶ月以上も続く医者のストライキがありました。入院患者はその間も入院を続けましたが、緊急を要する治療や緊急を要する手術以外は一切行われませんでした。しかし、後ほど調査をすると、医者がストライキをしていた間、その病院では死亡率が激減していたそうです。アメリカの他の病院でも、また、イスラエルやコロンビアなど、医者がストライキをすることがある他の国々の病院でも、同様の報告があります。

すべての病気は医学の力で診断し医学の力で治す、私たちはそのように教育されてきました。そして、卒業後はそのように実践してきました。私の頭の中に、医学の正当性を疑う気持ちは全くありませんでした。

しかし、動物病院を開業し臨床の場で意外な経験を重ねるに従い、私は徐々に医学の正当性に疑問を持ち始めました。意外な経験とは、医学的な治療を止めたら病気が治ったり、医学的な治療を止めたら急に元気になったり、医学的な治療をしなかったら医学的な治療をした場合よりも結果がよかった、というものです。

診断や治療が間違っていたわけではありません。教科書通りに診断し、教科書通りの治療をしていたのです。何事もマニュアル通りに行うのは、私たちのようなマニュアル教育を受けてきた人間の得意技です。

医学には間違いが多い

それではなぜそんなことが起こったのでしょうか。

それはほとんどの医療行為には、正当な根拠がないからです。実は医療行為の多くは、医学という学問を元にしてはいますが、実際には正しいという根拠があるわけではなく、こうしたら多分病気が治るだろうという推測で行われているのです。

物理学の世界では過去には真理であった理論が、新しい理論によって完全に否定されるということはありません。例えば、新しく生まれた相対性理論は過去のニュートン力学を補強こそすれ、否定するものではありません。物理学も科学ならば医学も科学のはずです。

しかし、医学の世界では毎年毎年、多くの医療行為が否定されています。過去には間違ったことをしていたのがわかってきたのです。例えば、犬のウィルス感染症ジステンパーに対するワクチンの静脈内注射、子どもの風邪に対する解熱剤の投与、乳ガンに対する乳房全摘出手術（ハルステッド手術）、扁桃（腺）切除手術、胃ガンの予防としてのポリープ切除手術（ポリープが胃ガンになるといわれていた）、精神病に対するロボトミー（前頭葉切断術。アメリカだけで二万例近く行われた）、電気ショック療法、インシュリンショック療法、などなど数え上げれば切りがありません。医学の世界で間違ったこととは、医療行為によって治癒が遅れたり、苦しみが増したり、死期が早まることを意味します。

医学は科学であるが医療は推測である

この一〇〇年、科学の進歩には目覚ましいものがあります。我々はその恩恵に浴してきました。例えば、機械化により過酷な労働が減少しましたし、建築技術の進歩やエアコンの発明により、過酷な暑さや過酷な寒さをコントロールできるようにもなりました。食糧の生産、備蓄、輸送の技術も進みました。おかげで生活が楽になり、動物もヒトも寿命が延びました。また、航空機や通信技術が発達し遠い国にも親しい友達ができるようになりました。貢献してくれた科学者たちに敬意を表したいと思います。

進歩したという意味では、科学の一つである医学も例外ではありません。解剖学の進歩によりヒトや動物のからだが、まるで小宇宙のように実に巧妙にできていることがわかってきました。また、最近では細胞の中にある遺伝子の暗号や、複雑怪奇な免疫の仕組みまで解明されつつあります。医学は人類の知的好奇心を満足させる学問としては、すばらしい成果を上げてきました。

しかし、医療界には大きな誤りがあったと私は思います。それは医学という学問を病気の治療に応用しようとしすぎたことです。医学という学問と病気の治療とは本来別の分野なのに、それらを混同していたのです。

今日まで医療者は、医学という学問によって得た知識を元に、こうすれば多分病気が治るだろうと推測し、さまざまな医学的治療を行ってきました。しかし、その推測の多くが間違っていたのです。

例えば、医学は風邪を引き起こす原因が、ウィルスという微小な生物であることを突き止めました。そして、動物やヒトがウィルス感染症になると熱を出して苦しむのは、細胞が放出するサイトカインという物質が関係していることを解明しました。さらに、このサイトカインの働きを妨げて非活性化する物質を発見しました。医学という科学の力をまざまざと見せつけたわけです。確かにヒトの叡智とはすごいものです。

一方、医療者はこの医学的成果を、ウィルス感染症にかかって高熱を出して苦しんでいる動物やヒトに応用しました。サイトカインを非活性化する物質を、解熱剤として動物やヒトに投与したのです。解熱剤で熱が下がると、感染症で苦しんでいる患者が楽になるだろうと推測したのです。しかし、その推測が間違いだったのです。実際には、ウィルス感染症による発熱を解熱剤で下げると、かえって病気の治りが悪くなるのです。

ウィルスに侵入された動物やヒトのからだは、ウィルスが高熱に弱いのを知っていて、わざわざエネルギーを使って体温を上げているのです。つまり、熱でウィルスを攻撃しているのです。発熱すると確かに患者は苦しいですが、病原体であるウィルスはもっと苦しいのです。

その上、解熱剤にはウィルス感染症の治癒を遅らせるばかりではなく、消化管潰瘍などの有害作用もあります。副作用による死亡例も少なからず報告されています。

自分が受けた医療行為をチェックする

思い返してみてください。

あなたは最近どんな病気になりましたか？

病院に行きましたか？

病院ではどんな検査をしましたか？

どのような治療を受けましたか？

検査の結果がどのように治療に反映されましたか？

治療を受けた後は受ける前と比べてどうでしたか？

治療を受けなかったらどうなっていたと思われますか？


亡くなったヒトが生前に受けた医療行為をチェックする

次に、すでに亡くなったあなたの身近なヒトや、すでに亡くなったあなたの可愛がっていた動物は、生前どのような医療行為を受けましたか？

そして、その結果はどうでしたか？

私の場合を報告します。

亡くなった私の父親は生前、結核で六回の手術を受けました。当時としては最高の治療だったのでしょうが、今思い返せばそのうちの五回は無駄だったように思います。手術を受けるたびに衰弱が進行し、手術を受けるたびに苦しみが増しただけでした。そして、最後には片肺すべてを肋骨と共に切除してしまいました。この最後の手術だけは値打ちがあったのかもしれません。

私の祖母は胃ガンで手術を受けましたが、病院から出ることなく亡くなりました。手術を受ける前は元気で、その病院には自力で歩いて行ったそうです。

私の友人の父親は九〇歳を越えてもかくしゃくとしていました。毎朝ふんどし一つで家の前を掃除し水を撒いている姿をよくお見かけしたものです。しかし、検査のために入院し、大腸の内視鏡検査を受けた翌日に亡くなりました。ご本人はその検査をとても嫌がっていたそうですが、家族が医者の強い勧めに押し切られてしまったのだ、と友人が悔やんでいました。

私の後輩の母親は、元気だったのですが脳ドックを受けて、脳に動脈瘤があるのを発見されました。そして、「放置しておくとそれが破裂して脳内出血を起こし、死ぬか、たとえ助かっても重篤な後遺症が残るかもしれないので、手術を受けたほうがいい」と医者から言われ、頭を切り開いて動脈瘤をクリップで止める手術を受けました。しかし、術後すぐに亡くなりました。

私の叔母は股関節を痛めて歩行が不自由でしたが、セラミックの人工股関節を埋め込む手術を受けて、今は元気に歩いています。

私の動物病院では、元気だった動物たちが避妊手術で四頭亡くなっています。全身麻酔下で歯石を除去する手術でも二頭亡くなっています。麻酔の影響だと思います。また、心不全で咳をしている犬のレントゲン検査をしたところ、その直後に容態が急変し、二日後に亡くなったこともあります。レントゲン検査のために無理な姿勢をとらせたのが、死期を早めてしまった一因だと思います。

医学は科学的に利用しなければならない

ワクチンの発明、抗生物質の発見、麻酔の進歩、などにより医学は多くの動物やヒトの命を救ってきました。しかし、今日、医者がストライキをすると死亡率は激減します。これは厳然たる事実です。我々はこの事実を冷静に受け止めなければなりません。そして、医学という学問を過信せず、かといって必要以上に恐れすぎず、医学を有効に使いこなさなければなりません。二一世紀の今まさに、その時期に来ていると思います。それには、医学を推測ではなく、科学的に利用することです。それこそが根拠に基づいた医療、すなわちＥＢＭ（Evidence-Based Medicine）です（88頁「いい薬と悪い薬を見分ける方法はあるか？」の項参照）。

輸血はありがたい医療行為か？

動物に輸血をすると飼い主さんに大いに満足してもらえる

極度に貧血している動物は、歩く元気もないほどに弱っています。顔面は蒼白で、眼の結膜や口の粘膜も真っ白になり、診察台の上でも力なくぐったりしています。

そんな動物に輸血をすると、見る見るうちに目や口の粘膜がピンク色になっていきます。そして、血の気がなく蒼白だった顔色が、ぽっと赤みを帯びたいかにも健康そうな色に変わってくるのです。その変化は劇的です。

しかし、貧血している動物に輸血をしても、その動物が急に元気になるわけではありません。見た目に良くなるだけです。それでも、輸血を受けている動物のそばで、心配そうに見守っている飼い主さんは、その肉眼的な変化を目の当たりにして、歓声を上げげんばかりに喜ばれます。

確かに、輸血という医療行為を行うと、結果がよければもちろんのこと、結果が悪くても家族の方に非常に満足していただけます。そして、そんなに満足していただける医療行為であるにもかかわらず、輸血は非常に簡単です。特に難しい技術や高価な器具を必要としません。点滴輸液ができる技術があれば、だれでもどこでも輸血ができます。そんなわけで、輸血は医療者として非常に魅力のある行為なのです。

輸血には想像以上の害がある

しかし、輸血には多くの害があります。そのひとつは感染です。ヒトの世界でも輸血を受けてC型肝炎に感染し、今も苦しんでいるヒトが私の身の回りだけでも数人います。輸血によるエイズの感染も大問題になっています。感染のほかにも、心不全や肺出血、肺塞栓症、蕁麻疹、免疫反応、などが輸血に伴う副作用として指摘されています。

また、血液型不適合という問題もあります。しかし、生まれて初めて受ける輸血で血液型不適合反応が出ることはまれです。実際、私は動物に輸血をする前に血液型判定を行っていたわけではありませんが、血液型不適合反応を経験したことはありません。

輸血に関して次のような報告があります。カナダのハーバート医師が一九九四〜一九九七年にかけて行った調査です。それによると、ある貧血を伴う病状を持ったヒト（複数）を、通常の輸血を行ったグループと、極力輸血を避けたグループとに分けて比較すると、極力輸血を避けたグループのほうが死亡率が低かったそうです。

私も以前は動物に対して積極的に輸血を行っていました。貧血には輸血が絶対に必要であると信じていたのです。そして、獣医学の教科書に従い、貧血があるレベルに達していると、躊躇なく輸血をしていました。輸血に使う血液は、ご近所の健康でおとなしい動物を飼っている飼い主さん何人かにお願いして、その都度動物たちからもらっていました。

しかし、私の輸血経験は決して多くはありません。なぜなら何年も前に、輸血という医療行為を、飼い主さんが特に希望されない限り、積極的に行うことを止めたからです。

というのも、私はそれまでの輸血経験の中で、輸血が効を奏して元気になったとか、輸血が効を奏して命が助かった、という実感を持ったことはただの一例もなく、輸血という医療行為に大いに疑問を感じていたのです。

輸血をした例と輸血をしなかった例を比較した印象

輸血の値打ちに疑いの気持ちを持ち始めてからは、犬バベシア症（ダニの媒介により赤血球に原虫が寄生する疾患）や自己免疫性溶血性貧血（自分で自分の赤血球を壊してしまう疾患）、慢性腎炎、などで極度に貧血している動物たちに遭遇した場合、それまでのように教科書的治療の流れとして輸血をするのではなく、飼い主さんに次のように説明して、飼い主さん自身に治療法を選択してもらうようにしました。

「このような状態では輸血をするべきである、と医学書には記載されています。私もそうしてきました。しかし、私の経験では、これまでに輸血をしてよかったという実感を持ったことがありません。また、このような貧血に対して、輸血をした場合と輸血をしなかった場合とを比較したデータもありません。

私は、むしろ輸血はしないほうがいいと考えています。しかし、輸血をするかどうかを最終決断するのは私ではなく飼い主であるあなたです。医学には素人のあなたが決断するのは難しいと思います。まして判断するための情報が豊富にあるわけではありません。しかし、あなたが決断してください。輸血を行うとしても一刻を争うわけではありません。別の医者のセカンドオピニオンを聞くのもいい考えだと思います。また、あなたの直感で決めるのもいいと思います。私はあなたの決断に従います」。

そして、輸血を選択された方の動物には輸血をし、輸血を選択されなかった方の動物には輸血をしませんでした。

今日、その両者を比べてみた結果、輸血に目立った効果があったとは思えないばかりか、むしろ輸血をしなかった場合のほうが救命率が高かった、という確信的印象を持っています。

私は基本的に輸血を受けません

輸血は一種の臓器移植です。非常に簡便ですが臓器移植です。副作用があるのは当然です。決して安易に受けるべきものでも、行うべきものでもないと思います。その上、輸血の効果は非常に限定されたものだと思います。

私は、基本的に輸血は受けません。それは宗教上の理由ではなく、動物たちが身をもって教えてくれた経験的理由です。輸血の益と害を比べると、圧倒的に害のほうが大きいと考えているから受けないのです。将来私のからだに何らかの手術が必要な事態が発生するかもしれません。しかし、そんな場合にも私は輸血承諾書に署名しないつもりです。

輸血は慈悲深い医療行為であるという印象がある

一般に、輸血は非常に高度な、そして慈悲深い医療行為であると認識されていると思います。

そのためなのか、たとえ、輸血を受けた後にその動物が亡くなっても、「輸血までしてもらったのだから、仕方がない」と、納得し満足されているご家族が多いように思います。

ヒトの場合も、「手術中に三〇〇〇ccも輸血してもらった」とか「四〇〇〇ccも輸血していただいたのだけど」と、まるで輸血の量と医療者の努力と慈悲深さが、比例しているかのように話されている声を耳にします。

輸血を過大評価しているヒトが多いと思います。手術中に三〇〇〇ccも四〇〇〇ccも輸血をしたということは、それだけ出血したということです。そもそも、手術中にそんなに大量に出血させるのは、医療者の不手際だといわざるをえません。もし、それがどうしても避けられない出血であるというならば、そんな手術は始めからするべきではないと私は考えます。

輸血が必要な事態は極めて稀である

交通事故で大出血を起こした場合、再生不良性貧血の場合、心臓の手術を受ける場合、など輸血を受けるべきかどうか大いに迷うと思います。確かに決断の難しいところです。

輸血以外に命を助ける方法がない、という状態は存在すると思います。しかし、動物の場合を見ていると、輸血が助けになるような事態は極めて稀なケースだと思われます。ほとんどの輸血は益より害のほうが圧倒的に大きいと私は確信を持っています。

ＮＨＫのテレビ番組によると、ある病院で輸血の専門家をスタッフに入れると、その病院の輸血件数が激減したそうです。それまで行われていた輸血の多くが実は必要なかったということです。輸血という医療行為は、この先もっともっと減少することが予想されます。

大出血を伴う大手術には絶対に輸血が必要です。それは認めます。しかし、問題はその手術に値打ちがあるかどうかです。

「心臓の手術を受けなかったらあと半年の命です」と二〇年前に医者から宣告されたヒトの講演を聴いたことがあります。そのヒトは手術を受けないで、今も元気に過ごしておられます。

大手術を受けて満足しておられるヒトの影には、大手術を受けて後悔しているヒトや、そのご家族が大勢おられることを忘れてはなりません。

医療者は積極的に輸血を勧めます。しかし、我々医療を受ける側は、医療者の勧めに安易に従うのではなく、輸血のメリットと輸血のデメリットの両方を医者からよく聞いて、また自分でもよく調べて、輸血を受けるかどうか慎重に決断しなければなりません。輸血は非常に簡単な医療行為ですが、大きな大きな危険を孕んでいるのです。

病院では最善の治療をしてくれるか？

病院を変えると治療法が変わる

「病気になったら病院に行きなさい。病院では医者がいろいろな検査をして、どんな病気か診断してくれます。そして、あなたの病状に応じた最善の治療をしてくれます」ということを信じているヒトが多いと思います。

しかし、現実はそんなに甘いものではありません。

その証拠に、動物でもヒトでも転院すれば治療法が変わることがよくあります。ある病気に対して「最善の治療」はひとつしか存在しないはずです。それなのに病院を変えると治療法が変わるということは、どちらかの治療法が最善ではないか、あるいはどちらの治療法も最善ではない、ということになります。

もっと極端な例としては、同じ病院でも最初に外科に行くか、内科に行くか、それとも放射線科に行くかによって治療法が全く異なることさえあります。

どの病院に行くか、大病院の場合は最初にどの診療科に行くかによって、患者の運命が決まるといっても過言ではありません。

過去の医療行為はどんどん廃止されている

医療はどんどん変わっています。そう聞くと、医療は日進月歩で進歩しているから、変わりつつあるのだと思われるかもしれません。しかし、現実は必ずしもそうではありません。新しい医療が過去の医療を駆逐しているというより、過去の医療が否定されて少しずつ消滅し、その結果として医療が変わっている、といったほうがより正確だと思います。

「すべての病気は薬や手術で治すべきである」という「バブル医療」が最近になってやっと見直され始めている、と私は感じています。これまで盛んに行われてきた医療行為が再検討されているのです。そしてその結果、その多くにおいて益より害の方が大きいことがわかり、次々と過去には最善であったと認識されていた医療行為が、廃止されているのです。

ワクチンも見直され始めている

天然痘が大流行していた時代に、牛の世話をしているヒトは天然痘にかかりにくい、という現象に気がついたのが世界初のワクチンを開発するきっかけでした。牛には牛痘というヒトの天然痘によく似た病気があり、牛から牛痘に感染しているヒトは天然痘に感染しにくかったのです。この事実を元に一七九六年、イギリスのジェンナーが天然痘ワクチンを発明したのです。

確かに、ワクチンの発明は抗生物質の発見に勝るとも劣らない医学界の快挙です。多くの動物やヒトの命がワクチンを接種することによって救われてきました。そしてつい最近まで、ヒトにも動物にも積極的に接種していました。ワクチンの種類もどんどん増えてきました。予防できる病気はすべて予防しておこうというわけです。

私も以前は、動物たちに、できるだけ多くの種類の病気を予防できるワクチンを接種するべきであると考えていました。そして、三種混合ワクチンから五種混合ワクチン、五種混合ワクチンから七種混合ワクチン、と新しいワクチンが開発されるとすぐに取り入れて使ってきました。その結果、予防できる病気の種類はどんどん増えていきました。

しかし、それに伴いワクチン接種による副作用を経験する頻度も増えていきました。多くの病気を予防できるというワクチンほど、副作用が発生する可能性も高くなるのです。ワクチンによる死亡例は経験していませんが、接種の直後に、死んでいてもおかしくなかったほど衰弱してしまった子犬が数頭いました。重篤な神経麻痺という後遺症が残ってしまった例もあります。

動物の世界でもヒトの世界でも、開発当初から、ワクチンに死亡例を含む副作用があるのはわかっていました。しかし、それは大多数を守るためのやむをえない犠牲であると考えられていました。ところが、最近になって、益より害のほうが大きいワクチンがあるのではないか、という意見が強くなってきました。

ヒトのインフルエンザワクチンがそのひとつです。私もヒトのインフルエンザと日本脳炎のワクチンは打たないほうがいいと考えています。

ワクチンも抗生物質と同様に、ヒトも動物も、生活が著しく不衛生で過酷だった時代には、比べるまでもなく害より益のほうが大きかったと思います。しかし、今日の日本では、栄養状態が向上すると共に過酷な労働が減少してきました。また、人口過密地域では上下水道が整備されてきました。ヒトと動物を取り巻く生活環境が向上したのです。その結果、感染症自体が激減し、極端な言い方をすれば、感染症にかかって死ぬ確率と、ワクチンの副作用で死ぬ確率とどちらが高いかを比べる必要が出てきたのです。

ワクチンは打てば打つほどよいというものでは決してありません。動物もヒトも、いつ、どんなワクチンを接種するか、いろいろな情報を元にして、自分で判断しなければなりません。例えば、私の場合、自分自身にはインフルエンザや日本脳炎のワクチンは絶対に打ちませんが、アフリカに旅行することがあれば黄熱病のワクチンを打つでしょう。

また、私が大阪で飼っている犬には、ジステンパーやパルボウィルス症のワクチンは打ちますが、レプトスピラ症のワクチンは打ちません。なぜなら、大阪ではほとんどレプトスピラ症が発生していないにもかかわらず、レプトスピラ症のワクチンには副作用の出る可能性が結構高い、と考えているからです。

ヒトの扁桃（腺）切除手術も見直された医療行為のひとつである

「子どもの扁桃が腫れて熱を出している時は扁桃を切除したほうがいい。扁桃は元々なくてもいい器官である」という考えで、一昔前には、扁桃（腺）切除手術が盛んに行われていました。私の妹も子どもの時に受けました。しかし、最近になって、扁桃は決して不要な器官ではなく、免疫に関係した大切な役目を担っているので、安易に切除してはいけない、ということがわかりました。現在では、扁桃（腺）切除手術は非常に限定されたものになっています。

そもそも、扁桃（腺）であれ、虫垂であれ、動物のからだに不要なものなどひとつも存在しないのです。

ヒトの乳ガンに対するハルステッド手術も、見直された医療行為のひとつである

かつては、ヒトの乳ガンに対して、乳房すべてとその下の胸筋までを切除する、ハルステッド法と呼ばれる乳房全摘出手術が標準治療として行われていました。その手術を受けると、腕が上がらないなどといった障害が残ったり、また美容上見苦しくなったりしましたが、命を守るためには仕方がないであろうという推測の元に行われていました。しかし、最近では乳ガンだけをくりぬく乳房温存療法が主流です。多くの場合、乳房温存療法のほうがいいことがわかったのです。

現在使われている薬も明日には製造禁止になるかもしれない

益より害の方が大きいことがわかり、消滅した薬もたくさんあります。

例えば、テレビで盛んに宣伝していた鎮痛剤（成分はフェナセチン）が市場から消えました（二〇〇一年）。人気があったので愛用していたヒトも多かったと思います。

また、脳循環代謝改善剤、いわゆる「抗痴呆剤」もそのほとんどが承認取り消しになりました

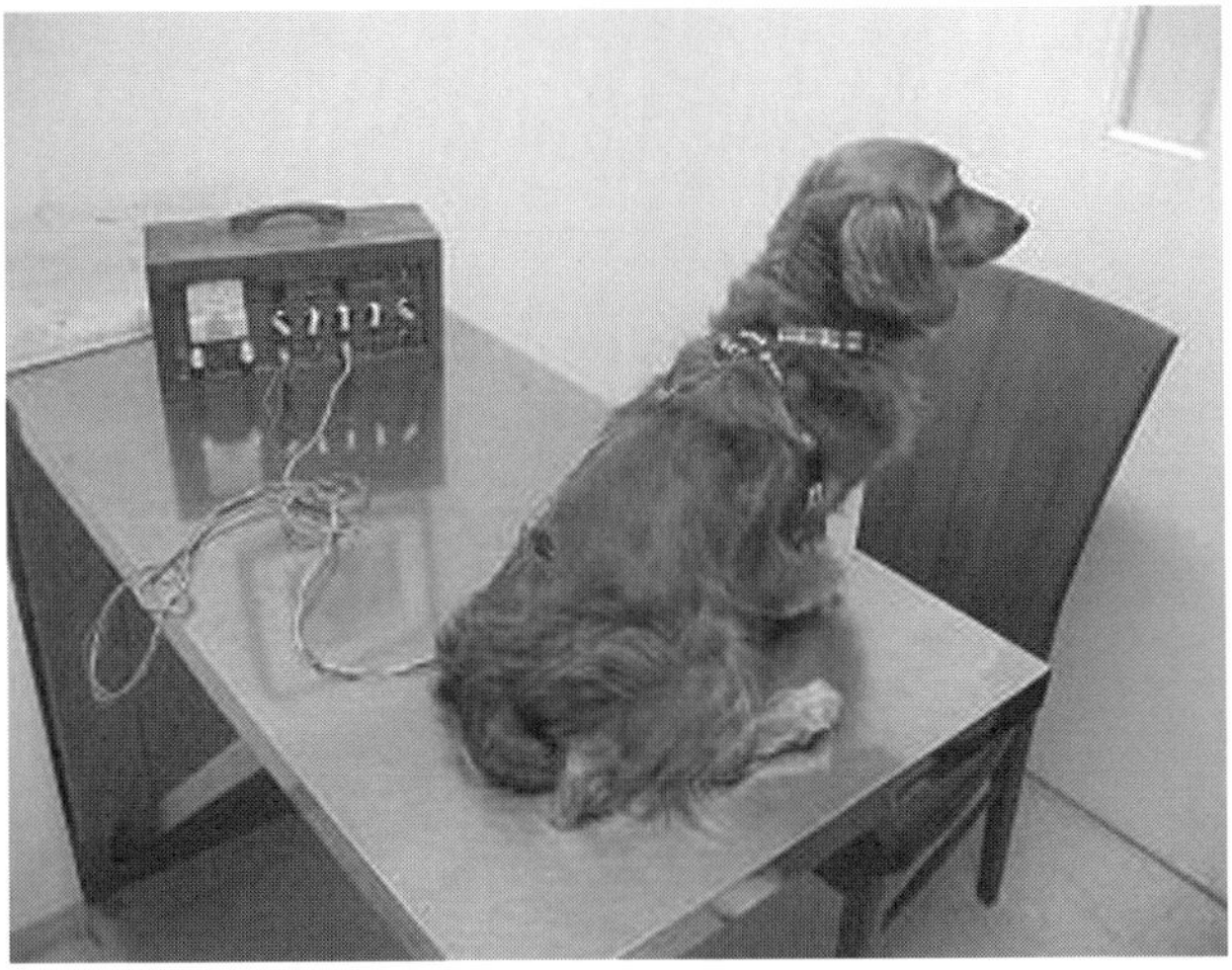
ハリ治療を受けると、気持ちよくてねむくなります。

（一九九八〜一九九九年）。しかし、承認が取り消される前に、すでに八五〇〇億円も売れていたそうです。

糖尿病治療薬ノスカールも大量に売れた後に、販売中止になりました。

このように、過去には盛んに行われていた医療行為が次々に否定されている現実を考えると、現在盛んに行われている医療行為も、近い将来否定される可能性がある、ということになります。

動物もヒトも今日病院に行くと、最善の治療をしてくれるどころか、明日には製造禁止になるかもしれない薬を処方されたり、来年には、「してはいけない手術である」と認定されるかもしれない手術をされる可能性がある、ということです。

動物（ヒト）はなぜ死ぬのか？

動物は子孫繁栄のために死ぬ

動物に生きる目的があるかどうかは議論の分かれるところですが、もし動物に生きる目的があるとすれば、それは後世に子孫を残すことであると私は考えています。それが証拠に、動物のあらゆる営みは子孫繁栄につながっています。そして、繁殖活動は動物のすべての営みの中で、最優先されています。

例えば、母親は自分の健康を犠牲にしてでも子どもを育て、父親は自分の命をかけてでも子どもを守ります。これも子孫繁栄のためです。

しかし、そんなに子どもを大切にする親でも、生まれつき虚弱な子どもには見向きもしません。犬でも猫でも、母乳を吸う力がなくて体温が下がってしまっているような子どもは、寝床から追い出してしまいます。生まれつき弱い個体は、その資質を後世に残さないように淘汰するのです。すべて子孫繁栄のためです。このように動物のすべての営みは、子孫繁栄のために行われているのです。死も動物の営みのひとつですから例外ではありません。つまり、子孫繁栄のために動物は死ぬのです。

一方、杉など一部の植物には限られた寿命というものがなく、理論的には永遠に生きることができます。屋久島の縄文杉は樹齢六〇〇〇年とも七〇〇〇年ともいわれていますが、まだ生き続けています。しかし、必ず死ぬのは植物も同じです。実際には、杉も何千年か生きると枯れてしまうそうです（『植物はなぜ五〇〇〇年も生きるのか』鈴木英治）。

あらゆる陸生動物および昆虫は老化します。最近の研究によると蚊も老化すると反応が鈍くなることがわかっています。しかし、動物の中でもヒトデのような種には老化というものがないそうです。老化がなくてもヒトデもやはり死にます。オニヒトデの寿命は六年から七年です。

動物には限られた寿命があります。動物のからだを構成している細胞にも寿命があります。古い細胞は寿命が尽きると次々に死んでいき、同時に細胞分裂によって新しい細胞が創られて、古い細胞と入れ替わっているのです。しかし、ほとんどの動物の細胞は、細胞分裂できる回数が限られています。染色体の末端にテロメアと呼ばれるＤＮＡが存在し、細胞分裂の度にこれが短くなるのです。そして、テロメアがなくなると細胞分裂が停止するのです。

ところが、動物の細胞の中には永遠に細胞分裂を繰り返すことができるものがあります。それは生殖細胞や幹細胞の一部、そしてガン細胞です。ガン細胞は不老不死なのです。しかし、ガン細胞の寿命は動物一代限りです。動物を乗り換えて、後世に遺伝子を伝えることはできません。

どうやら死なないということは、この地球上で遺伝子を後世に伝え続けるには、適応的ではないということのようです。

死は遺伝子の生き残り戦略である

遺伝子の立場から見ると、刻々と変化している地球環境に適応して長く生き続けるには、自分自身を変化させていかなければなりません。遺伝子は動物の設計図ですから、遺伝子が変化するということは動物が変化するということです。

しかし、遺伝子にとって、今乗っている動物を環境に合わせて変化させるより、繁殖という手段を使って新しい動物を誕生させ、今乗っている動物を乗り捨てて（死なせて）、新しい動物に乗り換える方が断然効率的です。複数の新しい動物を誕生させることにより、多様性を持たせることもできます。

例えば、地球が寒冷化してきたときに、現在生きている動物の被毛を豊かにしたり、あるいは、皮下脂肪を増やしたりして対応するより、その動物に繁殖させて、寒さに強い新しい複数の個体を創り上げるほうが、遺伝子が生き残りやすいということです。

繁殖活動を終えた古い動物は、死んでいなくなることによって、新しい動物が生息するための場所を空けるとともに、新しい動物と食物獲得の争いをしないようにしているのです。遺伝子を後世に残すためとはいえ、健気としかいいようがありません。

繁殖活動をしている動物は病気になりにくく長生きする

動物の老化と死が遺伝子を後世に伝えるための適応であるとすると、繁殖能力がなくなるとほとんどの動物が急速に死を迎えるという自然の営みを、うまく説明することができます。

しかし、例外もあります。チンパンジーは繁殖能力がなくなっても三年から九年も生き続けます。約四〇年というチンパンジーの寿命を考えると、三年から九年は決して短くはありません。ライオンも年老いたメスを群れから追い出すことはしません。

野生動物の行動を観察している研究者によると、若いチンパンジーやライオンは、年長者から狩りや食物採集の方法など、生きるためのさまざまな知恵を得ているそうです。繁殖能力のなくなった高齢チンパンジーや高齢ライオンは、若い世代を教育することによって、遺伝子がさらに後世に伝わることに貢献しているのです。

このように、遺伝子を後世に伝えるという観点から動物の寿命を考察すると、長生きするためのふたつの秘訣が浮き彫りになります。

その一つは年老いてもできるだけ長く繁殖活動を行うことです。つまり、恋愛、交尾、妊娠、出産、育児のいずれか、あるいはすべてを一生続けるのです。犬も猫もオスとメスとが仲良く同居していて、発情期の度に子どもをもうけているカップルはどちらも長生きするものです。

研究者たちによると、ショウジョウバエに年取ってから繁殖させることを数世代続けると、寿命が本来の二倍に延びたそうです（『動物たちの自然健康法』シンディー・エンジェル）。ヒトなどの高等動物も高齢になるまで繁殖を先延ばしにすると、寿命が延びるのではないでしょうか。

その反対に、まだ繁殖能力があるのに繁殖活動をしないでいると、犬では子宮筋腫や子宮蓄膿症、乳ガンといった生殖器系の病気になりやすいように思います。

遺伝子をだまして老化を遅らせる

長生きするあとひとつの秘訣は、若い世代の役に立つことです。

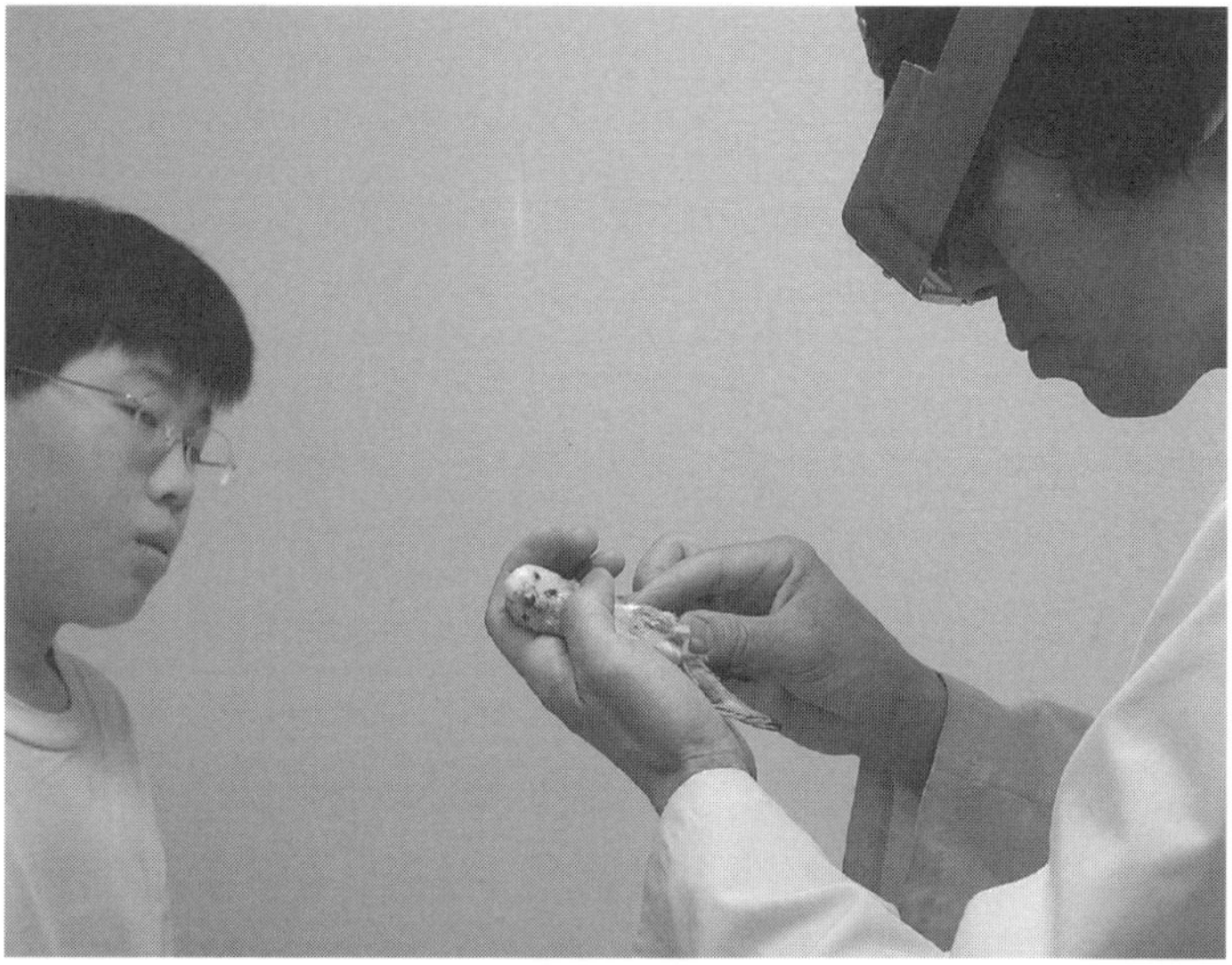

動物は妹のような存在であったり、我が子のような存在であったり……。

高齢ゴリラや高齢ライオンが若い世代に狩りや採集の方法を伝授するように、若い世代に何らかの教育を行うと老化が遅れて長生きできるはずです。若い世代とコミュニケーションを持ち、長い経験で知りえた知恵を後世に伝えるのです。遺伝子は高齢になった動物でも、まだ子孫の繁栄に役に立つと判断したら、その動物を生かしておくようです。

ヒトのように高度に大脳が発達した動物では、若い世代に幸せを感じさせることによっても、子孫繁栄の役に立つことができると思います。高齢になってからだが不自由になった時、若い世代から世話をしてもらったら、ありがとうと微笑んでやったらいいのです。

ヒトという動物は他のヒトに喜んでもらったと感じる時に、一番幸せを感じるようにプログラミングされています。ありがとうとお礼を言いながら微笑むことによって、若い世代に幸せを感じさせれば、彼らは心エネルギーが高まって病気になりにくくなり、結局巡り巡ってそれは子孫繁栄につながります。

繁殖能力がなくなっても、決して遺伝子のいいなりになる必要はありません。遺伝子にまだまだこの動物は役に立つと思わせればいいのです。動物は遺伝子の乗り物かもしれませんが、乗り物である動物が、乗っている遺伝子を、ある程度はコントロールすることができると思います。

動物の死、ヒトの死

死期を予言することはできない

腹水がたまり食欲は廃絶、その上重度の呼吸困難がある、そんな場合には、「この動物はあと三日ともたないな」とほぼわかることがあります。しかし、それ以上先のことは誰にも予言できないと思います。まして、半年先とか一年先の命など、どんなに長い経験を積んでも、どんなに豊富なデータを元にしても、予言することは不可能だと思います。

医者は患者やその家族に、「あと何ヶ月の命です」などと軽々しく言うべきではありません。それが真実であることを示す根拠がどこにあるというのでしょうか。そんな根拠は絶対に存在しないと私は確信を持っています。医者から「あと数ヶ月の命です」と宣告された後、何年も元気に暮らしている動物やヒトを私は数多く知っています。

動物は自分の死期をある程度自分で決めることができる

動物の死と飼い主さんについて考える時、私はフータローとSさんのことを思い出さずにはおれません。ここに、フータローとSさんの話を拙著『神秘の治癒力』より引用したいと思います。

「Sさんの庭には墓標が五本立っている。これまでに亡くなった動物たちのものである。Sさんは可愛がっていた動物が亡くなったら、庭に埋葬されるのだ。みんな体重一五キロほどもある結構大きな犬ばかりだったから、そんなに広いとはいえないSさんの庭は、もうお墓だらけ状態になっている。

亡くなった五頭の犬も、最後に残ったフータローも、Sさんが進んで手に入れたわけではない。一人暮らしのお年寄りに飼われていたが、その方のからだが弱ってきて、世話をしてもらえなくなった犬とか、マンションに引っ越すので飼えなくなった犬とか、みんな訳ありの犬たちなのだ。そんな犬たちだがSさんは自分の子どものように可愛がっておられた。

フータローも一三歳だからもう若くはない。だいぶ心臓が弱ってきた。犬は心臓から老化していくことが多い。心臓の弁がピタッと閉まらなくなるのだ。水道のパッキンが古くなって、水がいつも漏れているという感じだ。病名をつけるとすればうっ血性心不全ということになる。しかし、正常な老化現象というか自然の営みのひとつだということもできる。白髪とか老眼と同じだ。可愛がってもらって長生きできた、ラッキーな犬がなれる病気である、と考えるべきだと思う。

心臓の機能が低下すると呼吸が苦しくなる。咳も出る。心臓性の喘息だ。フータローも喉に骨が刺さったような苦しそうな咳をするようになった。これまで薬で治療してきたが、病状が進みそれもだんだん効かなくなってきた。

そしてある日の夜、フータローがいよいよだめなようだと奥さんから電話があった。車で駆けつけると、フータローは玄関脇の居間に敷いてもらった座布団の上で、ハーハーとあえぐような呼吸をしていた。お座りの姿勢だが、前足は少し開いて突っ張っている。前日の夜からずっとこの姿勢だという。呼吸困難の場合には、このいわゆる犬坐姿勢が一番楽なのだ。時々、ガクッと倒れそうになるが、その都度気を取り直してまた両前肢で踏ん張っている。しかし、もう瞳孔が開いてしまっている。便も尿も垂れ流しだ。呼吸が止まるのは時間の問題だと思われた。私はもはや気管支拡張剤や利尿剤の注射をしても意味がないと考えて、時々フータローの胸に聴診器を当てるだけで、ただ静かに見守っていた。奥さんと二人の子どもさんもすぐそばで正座して、じっとフータローを見つめておられた。

そこに、フータローが危ないと聞いて、Sさんが組合の会合を抜け出して急遽帰ってこられた。そして、玄関から居間に入るなり、Sさんは背広姿のままフータローの前にしゃがみこみ、フータローのからだを優しく撫で始められた。

『フータロー、待っててくれたんか。ありがとう。がんばれよ。フータロー』

そういって励ましながら、フータローの全身を撫で続けられた。フータローはSさんの声が聞こえているのかいないのか、なおも一生懸命に全身で呼吸をしている。

二〇分くらい撫で続けられただろうか。Sさんの手も真っ白なワイシャツも、フータローの糞尿でどろどろになってしまっている。しかし、だんだんフータローの目に光が戻ってきた。開いていた瞳孔も収縮してきた。そして、ついに、Sさんの顔をぺろぺろと舐め始めたではないか。Sさんはもう声にならない。顔は涙で濡れている。奥さんも子どもさんも立てひざになって、泣きながらフータローに寄り添っておられた。Sさんの心エネルギーがフータローに乗り移ったのだ。私はそばにいて感動のあまり涙が止まらなかった。

翌朝早く、フータローはあまり苦しむことなく息を引き取ったという。Sさんの庭に六本目の墓標が立つことになる」

上　動物の子どもは目から爪の先まで愛らしい。
下　自分より大きな後輩犬「くま」を気遣う小さな先輩犬「はな」。

フータローの例ばかりではなく、病床に臥していた動物が、可愛がってもらっていたヒトの帰りを待っていたかのように、最後に一目会ってから息絶えた、という話には枚挙にいとまがありません。動物はある程度自分の死をコントロールできるようです。

ヒトの死に関しても同じような話はあります。しかし、特別に大脳が発達しているヒトの場合は、他の動物にはない特別な現象があります。ヒトが死ぬのは誕生日の直前より、誕生日の直後の方が断然多いのです。終末期が近づいても、自分の誕生日までは生きていることにしよう、と決めているヒトが多いのでしょう。そして、誕生日を迎えると、安心するかのように急速に生きる意欲を失うのです（『奇跡的治癒とはなにか』バーニー・シーゲル）。

また、医者から「あと半年の命です」と告げられると、そのとおりになることが多いのも、ヒトは自分の意志で死ぬ時を決められる、という事実の証明だと思います。それは医者の予言が当たったのではなく、患者が医者の予言に従っただけなのです。日頃から医学と医者を崇拝しているヒトは、医者の予言した時期になると生きる意欲を失ってしまうのです。そして、医者の予言どおりに死んでしまうのです。

動物もヒトも、生きる意欲があればいつまでも生きていることができる、というわけではありません。生きる意欲があっても死は訪れます。しかし、生きる意欲が全くなければ生きていることはできないと思います。生きている動物やヒトは、少なくとも生きる意欲があるということです。

動物は坂道ではなく階段を降りるように衰弱する

回復可能な病気には、必ず前兆があります。大きな症状が出る前に軽い前兆という警告を発して、動物を心身ともに休ませようとするのです。それは、動物が病気から回復する大きな手助けになります。そして、それはもちろん動物の子孫繁栄に役に立ちます。

しかし、動物をみていると、老衰の症状は突然にやってきます。ある限界に達するまでは全く何の症状もなく、ある限界を越えた瞬間に症状が発生するのです。テロメアのなくなった細胞が突然細胞分裂を止めるのと同じです。動物はそのように設計されているようです。

ですから、昨日まで元気だったのに今朝から突然起き上がれない、ということがあるのです。老衰とはそういうものです。

老化現象は回復不可能なので、あらかじめ、前兆という警告を発して動物に知らせても意味がないからです。動物には生存や子孫繁栄につながらない機能は備えられていないのです。

老化が回復不可能な自然の営みならば、死も同じく回復不可能な自然の営みです。ですから、死にも前兆はありません。死の前に動物に前兆という形で知らせても、生存や子孫繁栄に役立つわけではないからです。

動物は死期を察することはできない

「猫は死期を察すると家から出て行って姿を見せなくなる」という話をよく耳にします。しかし、それは間違いです。

猫はからだが弱って体温が下がってくると、風呂場のタイルの上や床下などの冷たい場所にからだを横たえようとします。そんな時、飼い主としては「からだが冷たくて寒いだろう」と気遣って、温めてやりたくなります。しかし、温めると猫は喜ぶどころか非常に嫌がります。冷たいところで寝ているほうが気持ちがいいようです。からだが弱っている猫は、自分の体温を下げることによって、エネルギーの消費を最小限に抑えようとしているのかもしれません。

からだの衰えた猫が家から出て行くことがあるのは、ヒトに死に姿を見せないためではなく、からだを横たえるべき薄暗くて冷たい場所を探しているのだと思います。そして、そのまま衰弱し、安らかな死を迎えるのです。

ゾウにも猫と同じような話があります。「ゾウは自分の死期を知っていて、死期が近づくと墓場に行って死ぬ、だからゾウの墓場にはゾウの骨が密集している」というのです。しかし、あるゾウの墓場を調査すると、そこは実は密漁の場所だったそうです。また、水飲み場や塩舐め場や粘土を食べる場所、など動物が多く集まるところに、多くの動物の死骸が集まっていても不思議ではありません。そんな場所が動物の墓場と誤解されているのだと思います。

私の経験では、動物は終末期を迎えると家から出て行ったり、墓場に行ったりするのではなく、むしろ家族のヒトのそばにいたがるように思います。

ひとりになると不安なのでしょうか、それとも寂しいのでしょうか、ピーピー鳴いてヒトを呼ぶのです。そして、家族のヒトがそばに来てくれると安心して静かになり、スヤスヤと寝息をたてるのです。ヒトも病院ではなく自分の家で、家族と共に終末期を過ごすのが、動物として自然だと思います。

どんな動物も自分の死期を察することはできないと思います。死ぬ瞬間はある程度自分で決めることができますが、動物の死は階段を踏み外すように前兆なく訪れてくるものです。

しかし、ヒトという動物は、自然の摂理として死を理解することができます。そして、いつか必ず訪れる死に対して、心の準備をしておくことができるはずです。

医療界の販売促進活動に惑わされてはいけない

医療界も他の業界と同じように、熱心に販売促進活動をしています。ただし、医療界は単に物を売る商売ではありませんし、単にサービスを提供する業界でもありません。ノーベル医学賞という権威ある賞が存在するほど高等な、医学という学問に基づいた医療を施す業界です。その観点から、医療界の販売促進活動は、医学情報を一般大衆に広く知らしめるという意味で、啓蒙と呼ばれているかもしれません。ちなみに啓蒙とは、「普通の人々に知識を与えること」です（『三省堂国語辞典』）。

医療界の場合、売上を増やすには、今よりもっと多くのヒトに病院に足を運んでもらわなければなりません。そのためには主にふたつの方法があります。ひとつは「病院で検査や治療を受けた結果、患者さんがこんなに満足しています」と医療の成果を示して、つまりポジティブな理由で人々を病院に惹き付ける方法です。

医師会が提供しているテレビ番組では、この方法で医学の成果を強調しています。手術前後の写真を使った美容整形のＰＲもこの仲間に入れることができるでしょう。

また、ガン治療に関しても医療界は盛んにその成果をＰＲしています。医学の進歩によりガンの生存率がどんどん上がっているというのです。しかし、ガンによる死亡者数が変わらなくても、ＣＴやＭＲＩ、ＰＥＴなど最新の医療機器を駆使して、治療する必要のない（？）些細なガンを発掘すれば、ガンの生存率は確実に上がります。ガン患者が増えることにより、生存率を算出する分母が大きくなるからです。

確かに、胃ガンによる死亡者数は減少しています。しかし、日本で胃ガンが減っているのは、医療技術の進歩のおかげではなく、冷蔵庫の普及により、塩浸けなどといった保存食品の摂取が減少したからだという説があります。

医療界ふたつ目の販売促進活動は顧客の健康不安に訴える心理作戦です。

「病気は病院で治してもらうべきである」という信仰はすでに社会に広く浸透しています。ですから、これ以上医療の成果をＰＲしても、病院の売上を伸ばすことは難しいと思われます。もっと病院の売上を伸ばすには、まだ病気ではない動物やヒトに病院に来てもらわなければなりません。そのためには、「病院に行かなかったら大変なことになりますよ」と人々を啓蒙することです。

脳ドックがその典型的な例です。「脳ドックを受けましょう。そして頭の中に動脈瘤がないか調べましょう。もし動脈瘤があれば早期に処置をしないと、それが破裂して大変なことになるかもしれません」と医療界は啓蒙してくれています。高血圧や高血糖や高脂血症も同様です。「放っておくと脳卒中や心筋梗塞になるかもしれません」と医療界は啓蒙してくれています。

このように、病気ではない動物やヒトに病院に来てもらうには、まず「病気は早期発見・早期治療が大切である」と啓蒙することです。そして、定期検診の重要性を啓蒙するのです。マスコミも医療界の啓蒙を受けて、盛んに早期発見・早期治療と定期検診の大切さを訴えています。

また、新しい病気を作るのも医療界の販売促進活動として非常に効果的です。例えば最近マスコミなどで、境界型糖尿病という病名をしばしば耳にするようになりました。これはまだ新しい病気です。

境界型糖尿病とはまだ糖尿病とはいえないけれど、限りなく糖尿病に近い状態をいうそうです。「この境界型糖尿病を放置しておくと本当の糖尿病になってしまうので、そうなる前に手当てが必要です」と医療界は啓蒙してくれています。日本には何百万人もの境界型糖尿病のヒトがいるそうです。そのうち、境界型高血圧症、境界型高脂血症、境界型虫垂炎、境界型ガンなどという

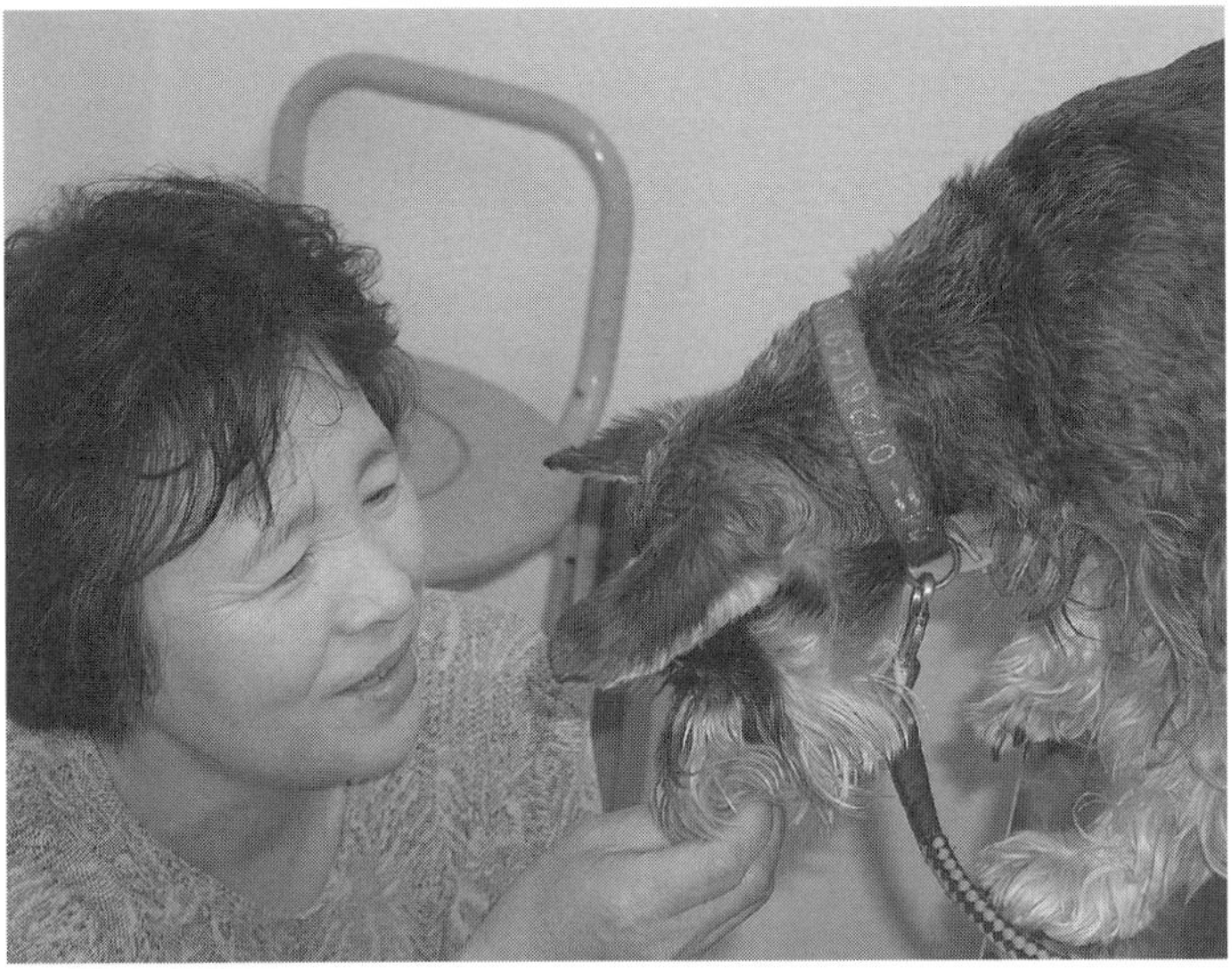

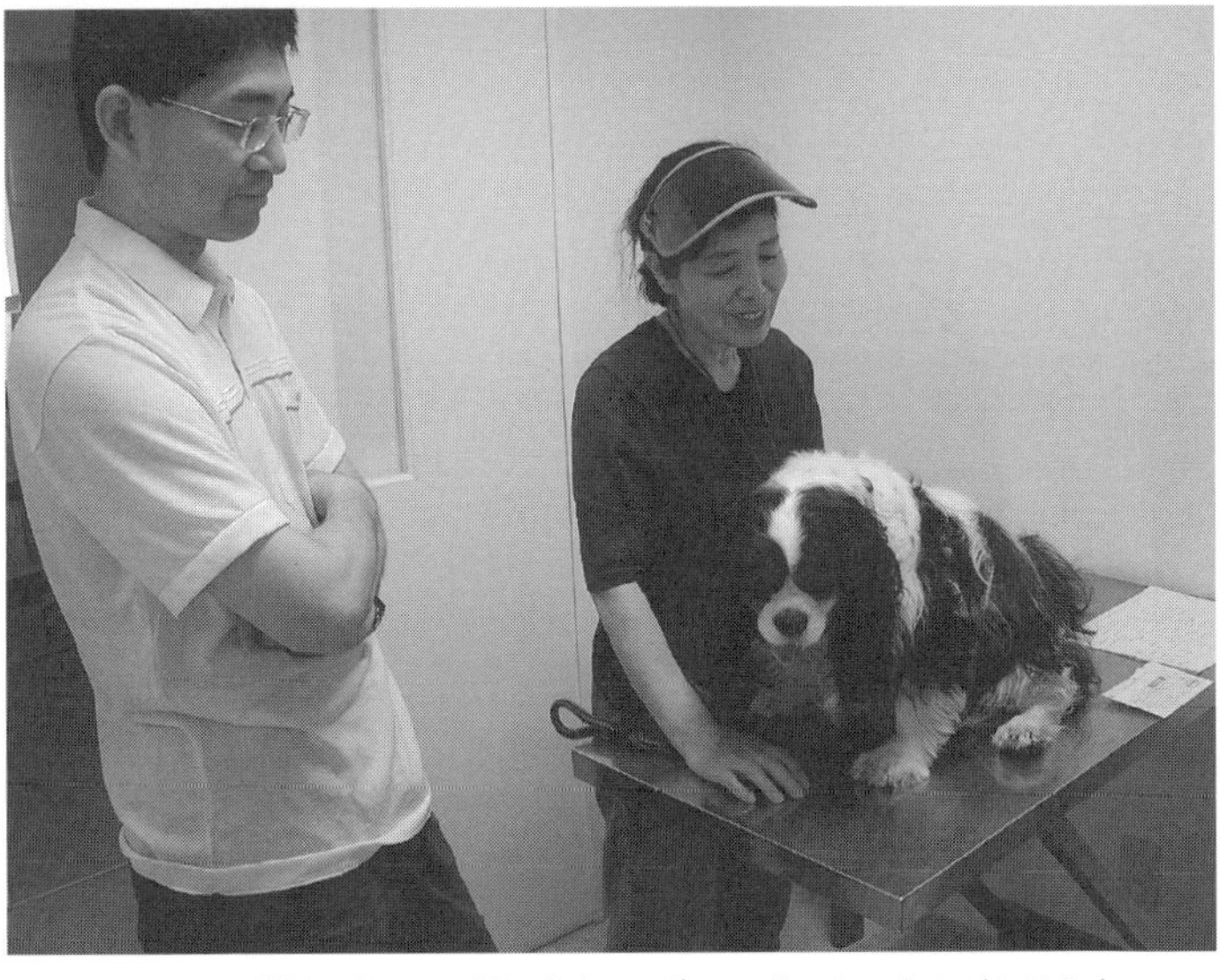

心配そうに動物を見つめる飼い主さんの姿には神々しいものがあります。

新しい病気も現れるかもしれません。

病気を一気に増やす簡単な方法があります。それは検査データの基準値を下げることです。例えば、ヒトの血中コレステロール値の場合、一説によると三〇〇mg／dl以上を高コレステロール血症とするのが適当だということですが、これを下げて現行の二二〇mg／dlを基準値にすれば、高コレステロール血症の患者さんは一気に二五倍に増えるそうです（『薬のチェックは命のチェック』Vol.2　医薬ビジランスセンター）。

血中コレステロールを下げる薬は日本だけで一年間に三〇〇〇億円以上売れています。三〇〇〇億円とは三〇〇〇万円の一万倍です！

この他にも血圧の基準値を少し下げれば、高血圧症の動物やヒトが一気に増えますし、GOTやGPTの基準値を下げれば肝炎の動物やヒトが急増します。

どんなにいい商品も、どんなにいいサービスも、適切なPRがなければ一般に普及しません。広く普及しなければ、多くのヒトがその恩恵にあずかることができません。その意味で販売促進活動は非常に有意義なものであると思います。

しかし一方で、誇大広告やうその広告につられ、商品を買ったりサービスを受けたりしたばかりに損をして、後悔しているヒトがいるのも周知の事実です。

病気になったらどうしたらいいか？

動物（ヒト）は毎日病気になる

実は、動物は毎日のように感染症やガンなどの病気になっています。しかし、ほとんどの動物は病気になっても症状が出る前に治っているのです。免疫力により病気を封じ込めているのです。それが証拠に、元気な野生動物の血液検査をすると、みんなさまざまな病気の抗体を持っています。これは本人が気づかないうちに病気に感染し、本人が気づかないうちに治っている証拠です。

ガンも同様です。動物のからだは常に新陳代謝をしています。古い細胞が死に新しい細胞と入れ替わっているのです。皮膚でも胃でも肝臓でも、新しい細胞は細胞分裂により常時創られています。しかし、放射線や化学物質などの影響で、時としてできそこないの細胞ができてしまうことがあります。それがガン細胞です。実は動物のからだの中では、毎日のようにガン細胞が発生しているのです。しかし、ガン細胞のような欠陥細胞は、免疫機能が働いてすぐに始末されているのです。

つまり、感染症であれガンであれ、病気になっても発病させないためには、免疫力が低下しないような暮らしをしなければならないということです。

症状が出てしまった場合の対処法

健康とは自分の心やからだの存在を意識しない状態です。しかし、病的状態になると心やからだがその存在を訴え始めます。そうなると、次のような対処が必要になります。

①病気の前兆を見逃さずに心身ともに休ませる
②症状はむやみに止めない
③不自然な生活を改善する
④低下している心エネルギーを高める
⑤根拠のある医療を受ける

対処①——病気の前兆を見逃さずに心身ともに休ませる

ほとんどの病気は何の症状もなく治ります。しかし、病気の力が動物の免疫力を上回ると、病気が勢力を伸ばし始めます。そうなるとまず最初に、からだはシグナルを出して警告します。それが前兆です。前兆があるということは、すでにからだが病気に負けつつあるということを示しています。重大なことなのです。

回復可能な病気ならば、どんな病気にも軽い前兆があります。ちょっとからだの調子がいつもと違うなと感じたらそれが前兆です。大病を避けるためには前兆を見逃さず、からだと心を休ませなければなりません。

病気は早期発見・早期治療ではなく、早期発見・早期対処が大切です。病気を早期に発見し、からだと心を休ませて、できるだけ多くのエネルギーを免疫に注ぎ、免疫の力によって本格的な症状が出る前に病気を封じ込めるのです。

免疫の働きを高める薬があれば、前兆の段階でそれを飲めば効果があるでしょう。しかし、そんな便利な薬はこの世に存在しないと私は確信しています。

あるテレビ番組の中で、免疫を高めるという薬が取り上げられていました。その薬を飲むと白血球が活発に活動するようになる、これが免疫が高まっている証拠だというのです。そして、その薬を飲んだ後に、白血球が急に激しく動き始めている画像が放映されていました。しかし、私には、それは白血球が活発に活動しているのではなく、薬の害で白血球が苦しそうにもがいているように見えました。

免疫の障害を取り除くことにより免疫を高める

免疫そのものの働きを直接高める薬はありえないと思います。しかし、免疫の障害となっているものを取り除くことにより、結果的に免疫力を高めることはできます。免疫の障害になっているものとは、例えば傷口を汚染している砂とか、栄養のアンバランスとか、寝不足とか、過労とか、心エネルギーの低下などです。これらの障害を除去すると免疫はうまく働くようになります。

薬を飲んで免疫の働きが高まるとすれば、それは心の作用だと思います。相思相愛のカップルは免疫力が強く、病気になりにくいのと同じです。薬そのものは免疫の働きを高めるどころか、その反対に免疫の働きを抑える方向に働くと思います。ですから、病気の前兆に対して薬を飲むと、かえって病気からの回復が遅れることのほうが多いと思います。

食欲減退にも意味がある

動物は病気の前兆を感じると、食物摂取を控えて、薄暗いところでじっとしています。たくさん食べて、消化と吸収に新たにエネルギーを消費するより、今肝臓や筋肉中に蓄えているエネルギーを使って、病気に立ち向かったほうが有利だとからだが判断しているのでしょう。

特に感染症の場合には、食物摂取を控えることによって、病原体である細菌やウィルスに、鉄分を与えないという意味もあるのです。細菌やウィルスが増殖するには鉄分が必要です。感染症にかかっている動物はそれを知っていて、鉄分摂取を控えることにより病原体を兵糧攻めにしているわけです（127頁「健康食とは何か？」の項参照）。

ヒトの慢性C型肝炎に対して、患者さんの血液を抜いて捨てる瀉血という治療法が行われていますが、これも赤血球中のヘモグロビンに含まれている鉄分を除去するのが目的です。瀉血により貧血すると新たな赤血球が大量に創られます。その時、肝臓に蓄えられている鉄分が使われるために、肝細胞中の鉄分が減少し、肝炎ウィルスが増殖できにくくなるのです。

「たくさん食べないと病気が治らないよ」という考えは必ずしも正しくありません。食欲がないときは無理に食べないほうがいいのです。動物は無意識のうちに、つまり本能的にそれを知っているのです。

対処②――症状はむやみに止めない

病気が免疫を突破してさらに進行すると、次の段階としてからだは症状という武器を使って病気を攻撃し始めます。動物にとって症状はつらいものです。しかし、症状はからだを守る反応でもありますから、むやみに薬で止めるべきではありません（52頁「症状を薬で抑えてはいけない」の項参照）。

からだを温めたら気持ちがいい時は、からだが熱を求めている時です。気持ちがいい程度に温めたらいいでしょう。同様に、患部を冷やしたら気持ちがいい時は、気持ちがいい程度に冷やしたらいいでしょう。

温めたり、冷やしたり、撫でたり、揉んだり、といった薬を使わない「気持ちがいい手当て」は、病気と闘う力をバックアップすることになると思います。気持ちがいい手当てをしたために病気が悪化するとは考えられません。温めたらいいのか、それとも冷やしたらいいのか迷った時には、気持ちがいいほうを選択することです。

対処③——不自然な生活を改善する

次に病気になってしまった原因について考えなければなりません。

病気の原因のひとつは不自然な生活にあります。ですから、病気になってしまったら、まず生活の中身を見直して、動物として不自然なところや、個性に合っていないところを是正しなければなりません。

例えば、膀胱炎になってしまった場合には抗生物質に頼るだけではなく、
①排尿を我慢しすぎる生活習慣はないか？
②からだを冷やしていないか？　それとも暑すぎる環境にいないか？
③毎日疲れすぎていないか？
④睡眠は十分取っているか？
⑤栄養に過不足はないか？（毎日おいしいと感じるものを食べているか？）
⑥運動をしすぎていないか？　それとも運動不足ではないか？
などからだのライフスタイルをチェックすることが絶対に必要です。

対処④——低下している心エネルギーを高める

病気にかかっている動物の心エネルギーは必ず低下しています。この低下している心エネルギーを上げなければ病気と闘うことはできません。ですから病気になってしまったら、心のライフスタイルも見直さなければなりません。

①不安感や絶望感など過剰なストレスはないか?
②他者を憎んだり、恨んだり、羨んだり、しすぎていないか?（心エネルギーを失っていないか?）
③他者から愛されているか?（自分以外の心から心エネルギーをもらっているか?）
④食欲や性欲などの欲求を抑制しすぎていないか?
⑤幸福を感じる暮らしをしているか?

など心のライフスタイルをチェックするべきです。

野生動物に学ぶ

自然と調和した暮らしをしていると、動物は簡単に病気になるものではありません。その証拠に、自然界で生きている野生動物はある程度まで成長すると、あまり病気で苦しむことがないそうです。何万年もの間世代交代を繰り返しながら同じ環境で生息している野生動物は、自然環境とうまく調和しているのです。

かといって彼らは病原体に感染していないわけではありません。冒頭でも述べましたが、野生動物の血液検査をすると、みんなレプトスピラやパラインフルエンザなどの病原性微生物や、寄生虫に感染した経歴をもっています。しかし、彼らはそんな病原性微生物や寄生虫に感染しても症状を伴う病気になることはありません。同じ環境に生息している自分以外の生物たちと、うまく共存共栄できる能力を身につけているのです。

過去には、自分以外の生物たちと共存共栄できなかった個体が存在していた一時期があったのでしょうが、そんな個体は長年の自然淘汰により滅び去ったのです。現在生き残っている野生動物は勝ち組なのです。ですから、旱魃や飢饉、火山の噴火といった天災や、新たな病原体の侵入などによる大きな環境の変化がなければ、彼ら野生動物はあまり病気になることがないのです。

しかし、野生では健康な動物たちもヒトが飼うようになると、どんなに生活環境を自然に近づけても、病気になりやすくなります。ゴリラは特に飼育が難しいそうです。気温や湿度や食べ物が自然に近づいても、心の環境が自然とは異なるからです。自然と調和した生活環境とは、自然環境だけではなく、心の環境も含まれているのです。

ヒトはもともと野生動物だった

ヒトという動物も同じだと思います。もともとはヒトも野生動物として自然と調和した暮らしをしていたのです。ところが文明の進展と共に、次第に自ら作り出した環境に支配されるようになり、寿命が延びた反面、病気になりやすくなってしまったのです。ゴリラが動物園で飼われると、病気になりやすくなるのと同じです。

自然と調和していない暮らしが病気の原因になるのはヒトも動物も同じです。ですから病気になってしまったら、今の自分の生活環境を見直してみる必要があります。

しかし、どんな暮らしが自然と調和した暮らしなのかはヒトによって異なります。あるヒトにとっては良い環境が、別のヒトには病気の原因になるかもしれません。

生活環境とは、吸っている空気、飲んでいる水、食べ物、自然環境、住環境、仕事、家族や友人との人間関係、などなどヒトのからだと心の環境を構成するすべての要素を含みます。

心の環境は無意識の世界にも広がっています。意識的に認知できる世界だけではありません。無意識の世界に、自分でも気がついていない心の重圧があり、それが病気の原因になっていることもありえます。

病気を得たならば、心を無にして自分自身の無意識の世界に広がる潜在的内面を見つめ直すことが必要でしょう。ヒトが動物として生きる目的（71頁「動物（ヒト）の生きる目的とは？」の項参照）について、あるいはそんなに長くもない人生において何が大切であり、何が大切ではないかなどをテーマに、瞑想してみるのも自分の潜在的内面を見つめ直すのに役に立つかもしれません。

症例検討　私の痛風対策①――からだのライフスタイルを変える

私は数年前に非常に激しい痛風発作を経験しました。痛風は尿酸という物質が体内にたまりやすい体質がひとつの大きな原因です。ですから、専門病院に行けば尿酸値を下げる薬を一生飲み続けるように勧められると思います。その薬を飲まないと再発を繰り返し、痛風発作の間隔がだんだん短くなるというのが通説です。そして関節だけではなく全身に尿酸が沈着し、腎不全や心筋梗塞を誘発するというのです。

しかし、私は薬を一切飲まずに、からだと心のライフスタイルを変えることで痛風に対処しています。痛風発作を自然からの警告であり、重大な病気の前兆であるととらえたのです。つまり、「私の生活が動物として不自然であり、また私の個性に合っていないところがあるので、それを変えなければ将来重大な事態が発生しますよ」とからだが訴えている、その信号が痛風発作だと考えたのです。

そしてまず、からだのライフスタイルへの対策として、毎日アルコールを飲むという習慣を止めました。アルコールを完全に止めたわけではありませんが、飲む量と回数を大幅に減らしたのです。そして毎日薬として水を意識的に飲むようにしています。水は血液をさらさらにしてくれますし、水を飲むことにより尿量が増えて尿酸の排泄が促進されます。そして何より水には副作用がありません。

次に、激しい運動をする時間を減らしました。激しい運動は痛風の誘引のひとつです。プロのスポーツ選手にも痛風が多いのです。痛風発作を起こす前はテニス、バドミントン、小太刀、マウンテンバイクなどのスポーツを週に四〜五回していましたが、アルコールと同じように時間と回数を減らしました。運動の休息日も作りました。そして、やはりスポーツ中には喉の渇きを感じる前に意識的に水を飲むようにしています。

症例検討　私の痛風対策②——心のライフスタイルを変える

それから、心のライフスタイルへの対策として、仕事の時間を減らすと同時に、仕事とプライベート生活をきちっと切り離すようにしました。その結果、精神的にも肉体的にもすごく楽になりました。

今の仕事は私の天職だと思います。私ほどこの仕事に向いている人間は少ないと思います。自分の仕事が大好きだといえる私はラッキーな男です。しかし、仕事以外の時間も大切にしたいのです。

一般に、痛風は食べ物が大きな原因だとされています。痛風は肉食中心の美食が原因の贅沢病だというのです。しかし、私は痛風と食べ物との間に大きな関係があるとは考えていません。過食とは関係しているかもしれませんが、美食とは関係がないと思うのです。ですから食べ物は痛風発作を起こす前と変えていません。無意識の心とからだが求めている食べ物、それがそのヒトの、その時の健康食だと思います。私は最近そのような食生活を心がけているつもりです（127頁「健康食とは何か？」の項参照）。好きでもないものを毎日食べていると心エネルギーが低下し、目的とは反対に痛風が再発すると思います。

犬や猫などの動物には痛風がありません。尿酸を分解して、水に溶けやすいアラントインという物質に変える酵素を持っているからです。しかし、猫には痛風に似た病気があります。尿路結石症です。猫の尿路結石症も、マグネシウムを多く含む食べ物の摂り過ぎが原因である、という説が有力です。しかし、私はそうは思いません。猫の尿路結石もヒトの痛風と同様、不自然なライフスタイルにその原因があると私は考えています。そして、実際にライフスタイルを変えてやることによって、猫の尿路結石症の再発を抑えることに成功しています。

私の場合、からだと心のライフスタイルを変えるという対処の効果があったのかどうか、今のところ幸い痛風発作の再発はありません。

対処⑤——根拠のある医療を受ける

以上述べましたように、病気になってしまったらからだと心のライフスタイルを見直して、それらを改善しなければなりません。それから、次に病院に行くかどうかを検討します。ほとんどの病気は医療を受けないほうが早く治ると私は確信しています。医療が自然治癒を妨げてしまうことが多いと考えているからです。しかし、値打ちのある医療もあります。受けるとすれば値打ちのある医療を受けなければなりません。それこそが根拠のある医療（Evidence-Based Medicine）です。根拠のある医療とは、受けたほうが受けないより得であると科学的に証明されている医療です（88頁「いい薬と悪い薬を見分ける方法はあるか?」の項参照）。

しかし、根拠を提示して検査や手術を勧めてくれる病院はまずありません。患者は医者が勧める医療の正しさを示す根拠を、自分で確かめなければならないのです。

害のない医療は存在しません。検査でも薬でも手術でも、もし何らかの益があるのであれば必ず害があります。ですから、病院で検査や治療を勧められたら、医者にそれを勧める根拠を聞くべきです。

①その検査を受けなかったらどうなるのか？
②検査の結果がどのように治療に結びつくのか？
③検査や治療に伴う危険はどの程度のものか？
④それを証明する根拠はあるのか？
⑤治療をしなければどうなるのか？
⑥それを証明する根拠はあるのか？
⑦他の治療法はないのか？

などを確かめなければなりません。

医者から情報を聞き出す秘訣

医者から上手に情報を聞き出すには、いくつかの秘訣があると思います。そのひとつは自分がかかっている医者に、「あなたを信頼しているから、こうしていろいろ質問をしているのです」と感じさせることです。そうすれば医者は喜んで情報を提供するでしょう。

その反対に「あなたを信頼していないから、こうしていろいろ尋ねるのです」と医者に感じさせてはいけません。医者として最も悲しいのは、患者さんに信頼されていないと感じることです。病気とその治療に関して、患者さんに説明をするのは医者の義務であるとはいえ、患者さんから信頼されていないと感じると、医者は説明する意欲を失います。

医者と患者は対等ですが、患者サイドもある程度のマナーは守るべきだと思います。しかし、それでもきちんと説明をしない医者は見捨てることです。医者は他にもたくさんいます。

現在かかっている医者からだけではなく、別の医者の意見（セカンドオピニオン）を聞くのも有意義なことです。欧米ではセカンドオピニオンを聞くのは常識になっていて、セカンドオピニオンを聞かずに治療を受けると、医療保険が適用されないこともあるそうです。「今かかっている医者に悪いので、別の医者にセカンドオピニオンを聞きに行きにくい」と考える必要は全くありません。

医者以外からの情報も貴重である

自分の病気とその治療法に関して、医者以外からも情報を集めるべきです。情報源としては本、新聞、テレビ、インターネットなどがあります。しかし、それらの情報源には、落とし穴もありますから注意が必要です。活字になっている情報や、インターネットに載っている情報は、すべて正しいと信じてしまいがちですが、現実は必ずしもそうではないということです。その情報が無作為化二重盲検比較試験（88頁「いい薬と悪い薬を見分ける方法はあるか？」の項参照）により、実証されているかどうかを確認する必要があります。それ以外の情報は真理ではなくすべて仮説です。「飲んだら風邪が治った玉子酒」みたいな情報に惑わされてはいけません。

医療に関する情報の中では、医療者側が出している情報より、医療を受けた側が出している闘病記のような情報のほうが、参考になると思います。特に患者会のような組織が発信している情報は大きな参考になります。そういうところからは医療を受けてよかったという情報と、医療を受けて後悔しているという情報の、両方を得ることができます。

どこで誰からどのような医療を受けるか自分で決断する

そして最後に、得られた情報を参考にして、どんな医療を受けるか、つまり、どんな検査をうけるか、どんな薬を飲むか、どんな手術を受けるか、など自分で決断を下すべきです。

「私は素人だからわかりません。先生にすべてお任せします。私の代わりに決断してください」

ではいけないと思います。医者は医療のプロですが、患者さんにとって最善の治療をしているわけではありません。その証拠に、医者が変われば全く治療法が変わることがよくあります（229頁「病院では最善の治療をしてくれるか？」の項参照）。

家を建てるとき建築士に、「私は素人だからわかりません。鉄筋にするか木造にするか、間取りはどうするか、先生にすべてお任せします。私の代わりに決断してください」という施主はいないと思います。

家を建てようと思ったら、まず最初に信頼できる建築士や工務店を探すでしょう。場合によっては複数の会社にアイデアや見積もりを出させることもあるでしょう。建築士と工務店が決まれば、建ててもらう家についていて彼らにいろいろと相談するはずです。そして、いよいよ建築が始まっても心配は尽きず、基礎工事に手抜きがないかなど気になって、現場に足を運ぶでしょう。

医療を受けるのは家を建てるより重大なことです。命に関わることです。当然ながら医療を受ける時には、少なくとも家を建てる時より何倍も慎重になるべきです。

家は建築士や工務店を上手に利用して希望を叶えてもらうものであり、病気は医者を上手に利用して治療してもらうべきものです。

医者もミスを犯します。医療上のミスは時に取り返しのつかないことがあります。命はお金で

緊張して力が入っているのは犬、それとも飼い主さん？

は償えません。しかし、ミスをしない医者を見つけることは不可能です。患者としては、「この医者ならミスを犯してもかまわない」とまで信頼できる医者を見つけるのがベストでしょうが、現実にはなかなか難しいことです。

根拠のある医療にも危険はある

根拠のある医療は受ける値打ちがあると思います。しかし、世の中には一〇〇パーセント安全な医療というものは存在しません。「確率的にはその医療を受けたほうが得である」と証明されているのが関の山です。ですから根拠のある医療を受けても命を落とす可能性があります。それが医療の限界です。

結論

病気になってしまったら生活内容を改善して自然に治るのを待つか、それとも医療を受けるか、いろいろな情報を参考にして自分で決断しなければなりません。

医療を受けると決断したら、次に、どこでだれからどのような医療を受けるかを決断しなければなりません。そして最後には、自分が選んだ医者を信頼し、自分が選んだ治療法を信頼し、そして自分自身を信頼することです。信頼しなければ、医療からよい結果を期待することはできません。医療が効を奏するかどうかには心の作用も大いに関係しているのです。期待と希望のないところに病気からの回復はありません（62頁「心の力はこんなにすごい！」の項参照）。そして、あとは運を天に任せることです。

病気の中には医学的な治療ではよくならないものが少なからず存在します。しかし、そんな病気になってしまっても決して希望を捨てないことです。心とからだのライフスタイルを徹底的に変えた暮らしをすることによって、「突然自然治癒のスイッチが入る」ということがあるのです。長年医療の現場にいると、なぜこんなひどい病気が自然に治るのか、と驚かざるをえないような症例に時々遭遇するものです。病気とはそういうものだし、動物やヒトもそういうものです。

あとがき

動物には力があります。ヒトを動かす力があります。動物の力によってヒトは元気になったり、幸せになったり、本来の純な清い心を取り戻させてくれたりすることがあるのです。その力の大きさには想像を絶するものがあります。

例えば、犬を飼うようになって、ある子どもの家庭内暴力が鎮静化したことがあります。最初のうち、その子は私の病院の診察室でも、一緒に来た自分の親をおまえ呼ばわりしていました。ご両親は黙ってただ子どもの言いなりになっていました。しかし、新しく家族に仲間入りした子犬を連れて、何度も家族全員で来院しているうちに、その子の親に対する言葉遣いが少しずつ少しずつ優しくなっていきました。そして、親に笑顔を見せるようにもなりました。その子犬、アカラジアという先天的な病気で、育てるには家族みんなの協力的介護が必要だったのです。

授業をサボり公園でシンナーを吸っている中学生たちが、その公園に捨てられて死にかけている子猫を病院に連れてくる時、彼らの目は幼児のように澄んでいます。日頃は大人を威嚇している挑戦的な目が、はにかみを含んだ柔和な目に変わっているのです。

彼らがたむろしていたのは捨て猫が多い公園でした。そもそも捨てられた子猫が心優しいヒトに拾われて幸せに暮らす、なんてことはめったにありません。ほとんどの子猫たちは捨てられるとすぐに病気になり、苦しんで苦しんで死んでいきます。そんな子猫たちに、彼らはとても優しいのです。そして、遠慮がちにうちの病院に連れてくるのです。いつも四~五人の集団です。病院での治療が終わると、彼らは子猫を順番に自宅に連れて帰って、献身的に世話をしていました。

あれから何年も経った今日でも、彼らは街で会うと私に笑顔で挨拶してくれます。そして、「あの時の仲間はそれぞれ鉄筋工になったり、焼き鳥屋さんの店員になったりして元気に働いています」と近況を知らせてくれます。彼らが連れてきた子猫を私が無料で治療していたのを、いまだに恩義に感じてくれているようです。

動物たちはお年寄りを元気にする力をも持っています。

朝から晩までテレビをつけっぱなしにして、テレビが唯一の友達だったというお年寄りが、動物を飼うようになって急に行動的になり、表情まで若返ったという事例を、私は数多く知っています。私が時々往診する老人ホームの三匹の犬たちも、お年寄りに大人気です。犬を撫でているお年寄りの表情は神々しいほどです。

「私のほうが先に死ぬかもしれないから、この歳になって新たに動物は飼えません」という話をよく耳にします。しかし、そんなことを気にする必要はありません。いつ死ぬかわからないのは老いも若きも、動物もヒトも同じです。むしろ、お年寄りにこそ動物を飼って欲しいと思います。

動物たちの一生は人生の縮図であり、
動物病院は地域社会の縮図です。

犬や猫を飼えばお年寄りが元気になることは間違いありません。お年寄りが元気になれば、医療費の節減にもつながるというものです。意味のない定期検診に公費を使うより、その税金をお年寄りの動物飼育の援助に回したほうが、社会福祉の観点からも断然意義があると思います。

動物には不思議な力があります。

動物はヒトが閉じこもっている殻を破る力を持っています。切れやすいヒトも、気難しそうなお年寄りも、学歴社会に乗りそこなった不器用な不良少年も、ヤクザの親分も、動物を間に挟んで話をすると、みんな心を開いてくれるのです。

ヒトは犬や猫を飼うと人生が豊かになります。いや、豊かになるのは人生ばかりではありません。犬や猫もヒトに飼われると幸せになります。犬や猫は何万年もの間ヒトと共に暮らしているので、今や彼らは野生ではなく、ヒトと共に暮らしてこそ幸せになれる動物になっているのです。

また、犬や猫を飼うと人生の勉強にもなります。彼らは人生についても私たちにいろいろと教えてくれるのです。古来、親は子から学び、師は弟子から教えを受けるものです。大脳が特別に発達したヒトが、うぶな動物たちから人生について教えてもらっても、決して不思議ではありません。

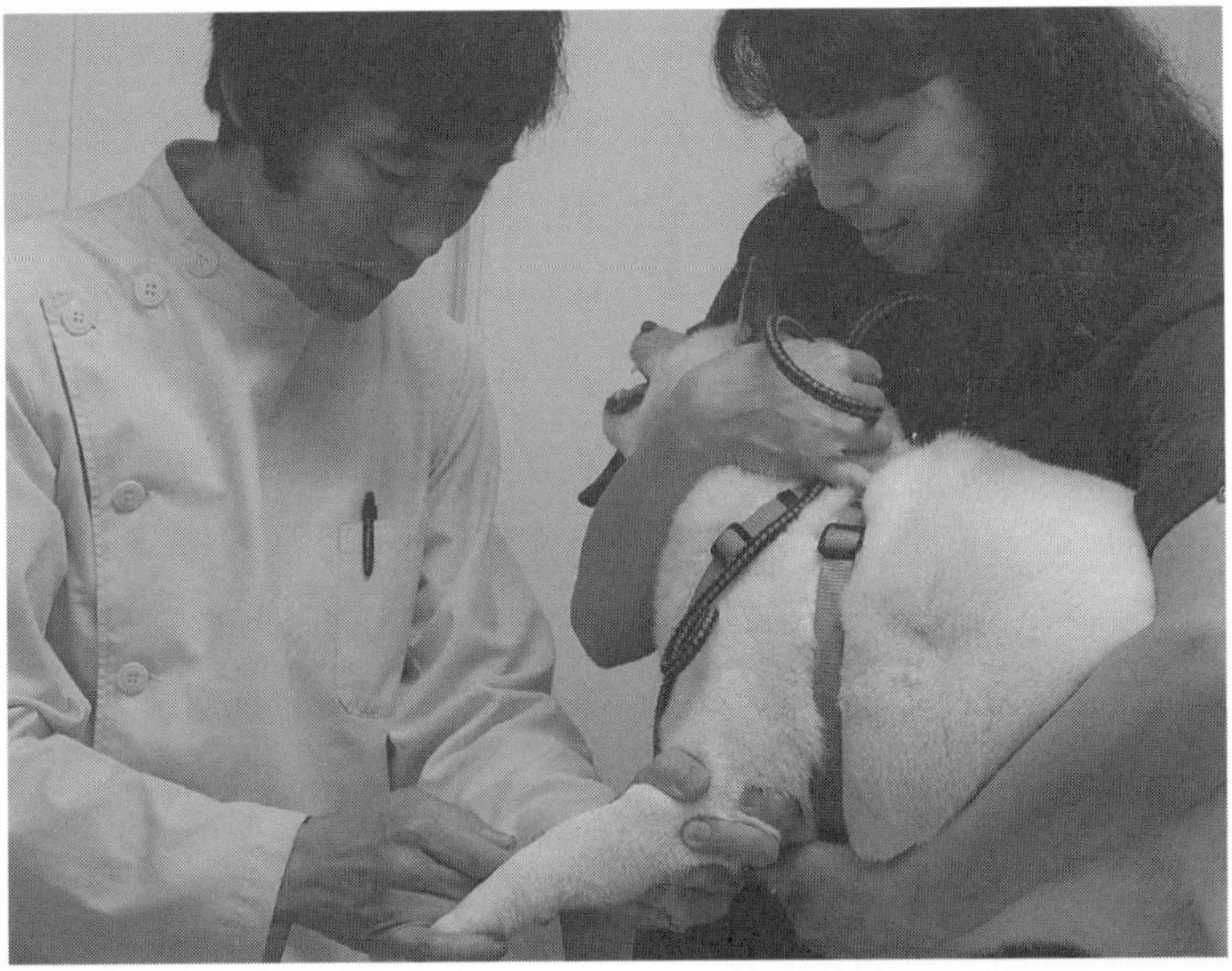

参考文献

アンドルー・ワイル（上野圭一　訳）（一九九六）『人はなぜ治るのか』日本教文社
特定非営利活動法人　医薬ビジランスセンター（二〇〇一）『解熱剤で脳症にならないために』
特定非営利活動法人　医薬ビジランスセンター『薬のチェックは命のチェック』Vol.2、3
医薬ビジランスセンター『抗生物質治療ガイドライン』
ウィリアム・ダフティー（田村源二　訳）（一九七九）『シュガーブルース』日貿出版社
オーストラリア治療ガイドライン委員会（医薬品・治療研究会／特定非営利活動法人　医薬ビジランスセンター編訳）『抗生物質治療ガイドライン』
オーストラリア治療ガイドライン委員会（医薬品・治療研究会　編訳）『消化器疾患治療ガイドライン』
近藤誠（一九九四）『抗がん剤の副作用がわかる本』三省堂
近藤誠（一九九六）『患者よ、がんと闘うな』文芸春秋
近藤誠（一九九七）『がん専門医よ、真実を語れ』文芸春秋
近藤誠（二〇〇〇）『医原病』講談社プラスアルファ新書
近藤誠（二〇〇二）『成人病の真実』文芸春秋
堺市環境保健局衛生部地域保険課（一九九七）『堺市学童集団下痢症報告書――腸管出血性大腸菌O－一五七による集団食中毒の概要』
ジョエル・ネイサン（坂川雅子　訳）（二〇〇〇）『「ガン」と告げられたら』勁草書房
西岡久寿樹（一九九〇）『痛風の人の食事――高尿酸血症』女子栄養大学出版部

シンディ・エンジェル（羽田節子　訳）（二〇〇三）『動物たちの自然健康法』紀伊國屋書店
鈴木英治（二〇〇二）『植物はなぜ五〇〇〇年も生きるのか』講談社
其田三夫（一九八五）『猫の臨床』デーリィマン社
其田三夫（一九八六）『犬の臨床』デーリィマン社
篠原佳年（一九八六）『快癒力』デーリィマン社
竹内久美子（一九九〇）『男と女の進化論』新潮社
土肥修司（一九九三）『麻酔と蘇生』中央公論新社
永田高司（一九九七）『神秘の治癒力』自費出版
ノーマン・カズンズ（松田銑　訳）『笑いと治癒力』岩波現代文庫
バーニー・シーゲル（石井清子　訳）（一九八八）『奇蹟的治癒とはなにか』日本教文社
畑中正一（一九九八）『ウィルスは人間の敵か味方か――最小の生物の正体に迫る』河出書房新社
藤田紘一郎（一九九九）『フシギな寄生虫』日本実業出版
浜六郎（二〇〇四）『下げたら、あかん！　コレステロールと血圧』日本評論社
『いのちジャーナル』さいろ社
『科学朝日』朝日新聞社
『Cancer』（一九九一）六七巻（『患者よ、がんと闘うな』より引用）
『三省堂国語辞典』

参考メディア

読売新聞　二〇〇四年三月二八日など
中日新聞　一九九八年四月一五日
NHK
ホームページ
　http://www.chironoworks.com/ragnarok/psychology/log/eid26.html
　http://www.page.sannet.ne.jp/ryo_goto/VerJ.html
　http://www.geocities.co.jp/HeartLand-Gaien/2207/shuchou093.html

著者略歴

永田高司（ながた・こうじ）

1950年大阪府生まれ。宮崎大学獣医学科卒業。玩具業界に就職後、大阪府立大学付属動物病院、ミズーリ大学付属動物病院を経て、永田動物病院を開業。

著書に『永田動物病院物語』『ぼくの飼主は獣医さん』『神秘の治癒力』（いずれも自費出版）など。

ISBN4-409-94005-8 C0047

動《どう》物《ぶつ》力《りょく》
——犬のフリ見て我がフリ治せ！

二〇〇五年 八 月 五 日 初版第一刷印刷
二〇〇五年 八 月一〇日 初版第一刷発行

著 者 永田高司
発行者 渡辺睦久
発行所 人文書院
〒六一二-八四四七
京都市伏見区竹田西内畑町九
電話〇七五(六〇三)一三四四
振替〇一〇〇〇-八-一一〇三
印刷 亜細亜印刷株式会社
製本 坂井製本所

乱丁・落丁本は小社送料負担にてお取替致します。

http://www.jimbunshoin.co.jp/